Origem da Vida: o problema químico

A Química revela os problemas científicos da origem da vida

Márcio Lazzarotto
Porto Alegre, julho de 2020

Índice

Sobre o autor

O Prof. Márcio Lazzarotto é bacharel em química pela Universidade Federal do Rio Grande do Sul desde 1991 e obteve seu doutorado sob a orientação do Prof. Faruk Nome, em 1997. Realizou um pós-doutorado com o Prof. Rocco Ungaro, na Università Degli Studi di Parma em 1999. Desde 2003 é professor do Departamento de Química Orgânica na Universidade Federal do Rio Grande do Sul. Sua área de estudo é a Química Supramolecular, que se dedica ao estudo de agregados formados a partir de moléculas.

Introdução

Nós somos criaturas efêmeras, com um tempo de existência ínfimo perante tudo o que nos cerca, porém com uma alma com sede de respostas para as questões relativas à nossa existência, procurando suas origens e sua finalidade. A história da humanidade registra distintas formas de passar o conhecimento filosófico, científico e tecnológico de uma geração a outra. A abordagem sobre estas questões muda conforme as épocas, e para registrar as respostas, utilizamos nosso código de transmissão de informação, a escrita.

A Natureza também registra o passar do tempo nos oceanos, na atmosfera, nas rochas, porém de outra forma, seguindo as leis que regem as transformações. Interpretar estes registros é complexo, porque os detalhes remetem aos diferentes campos do conhecimento, cujas linguagens são muitas vezes peculiares e esta interpretação é baseada em construções científicas humanas, que modelam as narrativas.

Aqueles que viram a série Cosmos, exibida em 1980, certamente tiveram o seu interesse despertado para as grandes questões do universo: a formação das estrelas, planetas, a escala do tempo, a formação dos elementos e da vida, a relatividade. A nave de dente-de-leão de Sagan viajando entre planetas, estrelas e supernovas ou a forma que explicou a variação da massa com a velocidade e a origem da vida incutiu um entusiasmo científico em uma geração de jovens. Todos estes temas são ainda objeto de estudo científico e neste livro gostaria de dedicar-me aos eventos e possibilidades do mais químico destas questões. A origem da vida é um assunto com potencial de controvérsia científica, porque envolve mineralogia, química e biologia, e todas estas disciplinas têm a sua linguagem.

A abiogênese é a hipótese predominante na ciência, e a alternativa não atrai a maioria dos pesquisadores, porque envolve algo que extrapola os limites impostos pelo naturalismo: a hipótese que tenha havido um processo criativo no universo, capitaneada pelos defensores do "intelligent design". Ambas as teorias são mutuamente excludentes em seus fundamentos, embora existam hipóteses híbridas, como a evolução guiada.

As páginas iniciais dos livros-texto de bioquímica explicam o surgimento da vida através do experimento de Miller-Urey e apresentam uma visão otimista, que apontam para um futuro em que tudo será esclarecido do ponto de vista da seleção natural. De forma semelhante, as revistas científicas populares publicam as hipóteses para o surgimento das biomoléculas como grandes descobertas, enquanto os experimentos que apresentam uma análise criteriosa são relegados à segundo plano ou não são publicados. Porém uma análise real mostra que os resultados que suportam estas hipóteses são tímidos e as interpretações não passam de meras conjecturas, o que não é compatível com o pensamento científico.

A visão crítica dos resultados obtidos pela própria pesquisa e reportados na literatura científica é fundamental para que o conhecimento científico seja estabelecido, resultado de teses que passaram pelos mais variados testes. A figura muda quando são analisadas as publicações em artigos científicos publicados em jornais e revistas especializadas, que alertam para a dificuldade do tema. A ideia de que tudo seria rapidamente descoberto após os experimentos iniciais deu lugar ao reconhecimento da complexidade do assunto, e muitos afirmam que provavelmente não chegaremos a uma resposta final sobre esse processo.

A química é a ciência que compreende os elementos e os compostos químicos formados por eles, e o seu progresso exerce um profundo efeito sobre a sociedade, através do desenvolvimento de remédios, novos materiais, controle da contaminação de alimentos, entre outros aspectos.

A validade do conhecimento químico é universal, e por consequência, os experimentos e os resultados podem ser utilizados para compreender as moléculas em qualquer lugar do planeta, do Sistema Solar, Via-Láctea e além, no presente, passado e futuro.

Esse livro é resultado da pesquisa do autor sobre este tema, para fornecer uma visão geral sobre o que a química pode responder sobre o assunto. Os esquemas contêm reações que são mais comuns ao químico, contudo o texto busca uma aproximação com o público que não é habituado à química.

1 - Vida e Química

A vida é um fenômeno químico. A cada fôlego são bilhões de bilhões de transformações químicas realizadas; cada aroma ou sabor que sentimos, cada respiração é feita de moléculas. Cada memória que temos é registrada por sinais elétricos através de moléculas. A captura de imagens é obtida pela transformação química de moléculas. Tudo em nosso planeta que é vivo é baseado em moléculas, e a maior parte da química está direcionada ao estudo das propriedades e reações químicas das moléculas.

A definição convencional de vida vem da capacidade dos organismos vivos manter a homeostase, regular o metabolismo, crescer, movimentar-se, responder a estímulos, adaptar-se ao ambiente e reproduzir-se. Todas estas capacidades são necessárias e têm um fundamento químico.

A percepção que temos sobre os seres vivos ganhou profundidade a partir do século XVII, com o uso do microscópio para revelar as estruturas celulares e formas de vida invisíveis a olho nu. Os detalhes foram esclarecidos com o progresso na definição das imagens e os passos metabólicos desvendados pelo avanço na enzimologia e compreensão dos mecanismos de reações orgânicas. O que parecia simples se tornou extremamente complexo e regulado.

Cientistas já pensaram que os organismos vivos poderiam aparecer de matéria inanimada, que as células eram um saco de sarcoplasma, também afirmaram que a estrutura primária enzimática era aleatória e que a maior parte do DNA é lixo, porém o avanço no conhecimento mostrou que todas estas hipóteses eram falsas e são revelados novos fenômenos que ainda vão demandar muito trabalho de investigação até que sejam desvendados.

Este conhecimento trouxe benefícios para as pessoas: desenvolvimento de técnicas para o diagnóstico de doenças, novos fármacos e materiais biocompatíveis são alguns aspectos em que a química tem contribuído com as ciências médicas para melhorar a vida das pessoas.

A fundação da química orgânica tem como ponto de partida a compreensão molecular da matéria, desbravando a complexidade dos átomos e suas ligações. Quando Wöhler sintetizou a ureia a partir da dissociação térmica do cianato de amônio em 1828, demonstrou que moléculas são moléculas, independente da origem orgânica ou não-orgânica. A partir desta compreensão, a hierarquia da organização dos seres vivos ganhava mais andares abaixo do solo: as moléculas e os átomos que as compunham.

+-

$$NH_4^+ \, CNO^- \xrightarrow{\text{calor}} H_2N \overset{\overset{\displaystyle O}{\|}}{\underset{\,}{C}} NH_2 \; + \; H_2O$$

cianato de amônio   ureia

Os químicos trabalham nestes andares: na compreensão da estrutura da matéria, na síntese de novas moléculas e na relação entre estrutura e propriedades moleculares.

A figura seguinte ilustra alguns aspectos no aumento de complexidade molecular da vida que devem ser abordados pelos químicos. Da esquerda para a direita: o surgimento das biomoléculas simples; a homoquiralidade, a formação de polímeros de aminoácidos e ácidos nucleicos (RNA e DNA); a formação de vesículas e reprodução celular; a incorporação de estruturas pelas vesículas; a catálise e o ajuste das velocidades das reações para a ativação dos metabolismos.

Até o momento, os mecanismos para explicar como ocorreu este aumento de complexidade não foram comprovados para nenhum dos passos, e em algumas etapas não existe a menor evidência da forma que aconteceu. Neste momento, definimos o objetivo deste livro: mostrar o estágio atual na resolução dos diversos problemas relacionados com a origem da vida e as respostas obtidas e algumas perguntas que devem ser respondidas.

O salto da química para a biologia

A biologia é a ciência que trata dos seres vivos e suas relações com o ambiente, enquanto a química compreende as propriedades da matéria e suas reações, e a bioquímica compreende a fronteira entre estas duas ciências, se dedicando ao estudo das reações químicas e processos que ocorrem em seres vivos.

As transformações químicas seguem as leis da termodinâmica, as cinéticas das reações e as regras de reatividade. A termodinâmica relaciona a estabilidade relativa das espécies químicas e a sua proporção, enquanto a cinética lida com a velocidade que ocorrem as reações e as regras de reatividade indicam se existe alguma forma da reação ocorrer. Os conceitos cinéticos e termodinâmicos nem sempre seguem o mesmo caminho, ou seja, muitas vezes um produto é formado mais rapidamente (cinético), enquanto outro é o mais estável (termodinâmico).

A identidade do produto formado em uma reação química depende do tempo e das condições em que a reação é realizada. As reações em temperaturas baixas e reagentes mais vigorosos usualmente formam o produto cinético, enquanto temperaturas mais altas, reagentes mais suaves e maior tempo de reação resultam nos produtos termodinâmicos.

A geração de energia ocorre pela transformação de produtos menos estáveis em mais estáveis, e por isso as reações que geram energia seguem a termodinâmica, enquanto as reações que absorvem energia necessariamente devem ocorrer pelo lado cinético, uma vez que são desfavorecidas pela termodinâmica.

A vida não é termodinâmica, ela é cinética. Os produtos mais estáveis de carbono e hidrogênio na atmosfera atual são dióxido de carbono (CO_2) e água (H_2O), e a razão para que as moléculas do nosso corpo não se transformem nestes produtos é que estas reações são lentas. Porém a oxidação sempre ocorre em baixas proporções, e por esta razão, as moléculas precisam ser constantemente renovadas. Quando esta renovação não ocorre na velocidade da degradação, o corpo envelhece. A vida e seus ritmos dependem da cinética das reações químicas.

Um pouco sobre as teorias

O Livro do Gênesis afirma que "E disse Deus: Produza a terra erva verde, erva que dê semente, árvore frutífera que dê fruto segundo a sua espécie, cuja semente está nela sobre a terra; e assim foi. E a terra produziu erva, erva dando semente conforme a sua espécie, e a árvore frutífera, cuja semente está nela conforme a sua espécie; e viu Deus que era bom" (Gênesis 1:11,12); nesta narrativa, a palavra de Deus sobre a terra é o motor da criação dos seres vivos.

Outras religiões também apresentam relatos de criação. O hinduísmo descreve que tudo iniciou com o sacrifício do primeiro homem, Purusa. O seu corpo era o Universo. Um quarto dele se tornou a terra e o resto se tornou os céus. As diversas castas vieram das partes do corpo de Purusa: seus braços se tornaram os guerreiros, suas pernas os cidadãos comuns, e seus pés viraram os servos. O antigo livro védico Puranas afirma que o universo se formou do sopro do deus Vishnu e que dura o espaço entre uma expiração e inalação. O budismo tem uma visão cíclica: no início de cada ciclo, a terra forma-se a partir da escuridão sobre a superfície da água, e os seres espirituais que povoavam o universo do ciclo anterior renascem: um deles toma a forma de um homem e inicia a raça humana, em que a tristeza e miséria reinam. Este é o intervalo que estaríamos vivendo.

O Islã afirma que o universo é obra de Deus, embora existam correntes que proponham uma evolução guiada.

A descrição da criação no Gênesis apresenta uma sequência de eventos cósmicos e biológicos, em que Deus avalia todas as fases ate a criação do homem a partir do sopro sobre o barro e afirma que esse último passo era muito bom e decreta um descanso. Na continuação, a criação passa por uma crise nas suas relações após a tentação e queda do homem; as gerações se passam e a maldade do homem aumenta, vem o Dilúvio, a quebra dos continentes, a dispersão pela confusão entre as linguagens após Babel, e o encurtamento do período de vida do homem. A partir desse ponto, a intervenção de Deus sobre a natureza ocorre em eventos específicos.

A narrativa da criação do Gênesis traz em si a ideia de que existe um objetivo do Criador e uma avaliação da obra, enquanto e a compreensão científica predominante é que tudo tenha sido formado pelas leis fundamentais da física, inerentes à matéria, sem uma razão e sem um objetivo final.

Os gregos tinham diferentes concepções sobre a origem da vida, de acordo com a escola de pensamento. A filosofia aristoteliana considerava que a vida era o resultado da ação de um princípio ativo sobre a matéria inanimada e continha uma metafísica implícita, enquanto a filosofia de Epicuro apresenta um fundamento sensorial à percepção do mundo, se contrapondo à metafísica de Aristóteles, em que a divindade pouco significa para a existência humana.

O Renascimento retoma a estética Clássica, mas rompe com o pensamento aristoteliano, introduzindo o método científico com Galileu e Descartes, submetendo as conclusões ao experimento.

Uma das vítimas do método científico foi a crença da Idade Média, que sapos e cobras se originavam da lama dos rios e lagos e muitos acreditavam que os vermes que surgiam dos cadáveres eram produto da carne em putrefação. Os experimentos do médico Francesco Redi (1626-1697) puseram à prova a hipótese que vermes se originavam de ovos de moscas, utilizando frascos abertos e fechados, observando que nos frascos fechados não havia surgido nenhum verme, enquanto os frascos abertos estavam infestados. Este foi o primeiro golpe na teoria da geração espontânea.

No século XIX, o cientista francês Louis Pasteur utilizou frascos contendo líquido nutritivo com "pescoço de cisne" esterilizados para demonstrar que os micro-organismos não surgiam no interior. Após a exposição ao ar, o líquido estava contaminado, o que comprovou a teoria da biogênese e auxiliou o desenvolvimento de técnicas de esterilização.

Charles Darwin sistematizou uma visão naturalista sobre a origem da diversidade das espécies, baseada na seleção natural, porém não tentou explicar como as primeiras espécies surgiram. A origem da vida seria um evento fortuito em que matéria e energia geram alguma nova espécie situada no limite entre a química e a biologia com capacidades específicas, conforme a carta para Joseph Dalton Hooker em 1871: "it is often said that all the conditions for the first production of a living being are now present, which could ever have been present. But if (and oh what a big if) we could conceive in some warm little pond with all sort of ammonia and phosphoric salts,—light, heat, electricity present, that a protein compound was chemically formed, ready to undergo still more complex changes, at the present such matter would be instantly devoured, or absorbed, which would not have been the case before living creatures were formed [...]" (muitas vezes é dito que todas as condições estão presentes para a primeira produção de um ser vivo, que poderia ter estado presente. Mas se (e que grande se), pudéssemos conceber em algum lago pequeno e quente com todo tipo de amônia e sais fosfóricos, luz, calor, eletricidade presente, que um composto proteico foi formado quimicamente, pronto para sofrer mudanças ainda mais complexas, atualmente tal matéria seria instantaneamente devorada ou absorvida, o que não teria sido o caso antes que as criaturas vivas fossem formadas […], tradução nossa).

O centro da evolução darwiniana é a predominância do mais apto, em que os seres vivos se diferenciam e os indivíduos que são mais capazes de obter alimento, fugir dos predadores e se reproduzir, são aqueles que passam as suas características para a sua descendência. O surgimento e manutenção das espécies dependem da seleção natural.

Como a seleção natural se traduz nos fundamentos bioquímicos? Até hoje não se tem clara a relação entre fenótipo e genótipo, e esta relação é ainda mais obscura em um nível fundamental, relacionado às reações químicas que disparam os mecanismos de alerta contra predadores ou o momento de ocorrer a reprodução celular.

A seleção natural não fornece um aparato teórico capaz de relacionar a bioquímica com a prevalência de uma espécie. A efetividade da inovação de um processo químico sobre um ser vivo somente pode ser medida na forma da aptidão do ser frente a pressão da seleção natural. Uma mutação pode resultar no aumento da velocidade de uma reação química em um indivíduo, porém esta variação pode levar a uma maior ou menor aptidão. A teoria darwiniana não fornece nenhuma pista sobre os mecanismos bioquímicos e o único critério é a sobrevivência e geração de descendentes.

O fundamento da seleção natural é o sucesso na competição entre as espécies, porém outra forma de relacionar os seres vivos é reconhecer a complementaridade entre as distintas formas de vida: enquanto umas produzem oxigênio, outras liberam CO_2, e outras fixam nitrogênio, existem aquelas que liberam metano e outras que usam o metano como substrato.

No atual contexto científico, a teoria darwiniana tornou-se hegemônica, a ponto que a NASA definiu vida como "vida é um sistema químico auto-sustentável capacitado à evolução Darwininana",[1] o que é um contra-senso científico dentro da visão naturalista, porque o conceito científico (evolução Darwiniana) submete a natureza (vida), enquanto nas ciências naturais o estudo do fenômeno (vida) precede e submete o conceito. Se um modelo não explica a realidade, deve ser revisto e eventualmente, descartado.

No pensamento naturalista, as forças da natureza naturais tomam para si o protagonismo sobre a origem da vida, em que o Criador é substituído pela criação. As moléculas simples reagem entre si e formam moléculas complexas, que se auto-organizam e formam estruturas supramoleculares complexas com a capacidade de reproduzir, até que um número astronômico de tentativas forme um agregado molecular capaz de encontrar alimento e reproduzir-se, que chamamos de vida.

O pensamento metafísico do naturalismo em que "tudo se origina de nada", usando apenas as leis naturais se tornou o centro da ciência, e qualquer um que reconsidere alguma das premissas se reveste de um pensamento medieval, ingênuo e religioso. A ciência se basta, rejeitando tudo que possa estar fora ou acima dela e tudo que ela não consiga explicar.

As perguntas fundamentais sobre o Universo, a vida e o homem se sobrepõem no pensamento teológico e científico. A ciência cresceu em seus objetivos e tomou para si a capacidade de responder as perguntas sobre a origem do Universo, da Terra e sobre o seu fim, considerando somente as suas ferramentas como válidas para obter estas respostas. Físicos como Sagan, Hawking e de Neil de Grasse Tyson se tornaram celebridades e anunciam que a teologia não é mais necessária. De outro lado, a biologia darwiniana chega a esse mesmo ponto para o surgimento das espécies.

Contudo, a ciência é uma elaboração humana, restrita às limitações da linguagem e compreensão humanas, e esta rejeição se reveste de uma arrogância frente a grandiosidade do Universo que ela desvenda.

A partir do início do século XX o conhecimento científico se multiplicou pelo domínio sobre os materiais, genética e novas formas de informação e os fundamentos naturalistas para o surgimento da vida têm sido postos à prova e a química tem uma contribuição na compreensão das transformações da matéria que ocorrem em seres vivos e sobre a matéria inanimada.

Contudo, as evidências acumuladas sobre a origem da vida são fragmentadas, quando comparadas com os outros campos da química, que avançaram muito mais. Por isso, existe muito espaço aberto para inferências que não podem ser comprovadas ou falsificadas, e os livros e artigos desta área do conhecimento deixam muito espaço para expressões do tipo "deve ter acontecido", "pode ser" e similares. A recompensa para o pesquisador que atua nesta área é a repercussão desproporcional dos avanços destes temas no meio científico, por suas implicações, que transcendem a ciência e se estendem para a religião e debates de natureza moral.

A contribuição da química para elucidar as origens do universo e da vida é menos conhecida, mas não menos importante, e reside no intervalo entre a formação dos planetas e os primeiros seres vivos. As forças físicas que levam ao surgimento das estrelas e planetas já atuaram e a biologia ainda não existe; apenas átomos, moléculas e íons em um planeta desabitado.

A falta de reconhecimento da química ocorre porque não existe uma teoria específica para o surgimento da vida, como a teoria gravitacional para o surgimento de estrelas e planetas ou a evolução darwiniana. Na verdade, os químicos entendem que não é necessária uma teoria para explicar os processos que teriam levado à origem da vida. É a mesma termodinâmica e a mesma reatividade. O problema reside na falta de informação sobre as condições em que ocorreram estas reações, e apenas se pode estimar de acordo com modelos para a atmosfera, temperatura, presença de água, estado de oxidação dos minerais, entre outros fatores.

Nos próximos capítulos vamos mostrar que essas condições variam conforme as diferentes hipóteses para o surgimento da vida e que não há um consenso sobre todos estes fatores.

O entendimento científico

Estes desafios remetem a um ponto fundamental da ciência: o que consiste na compreensão do fato científico? Nas ciências da natureza, o estabelecimento do conhecimento vem do raciocínio indutivo, em que as conclusões são obtidas a partir da observação de evidências e busca de um padrão entre elas. A partir deste reconhecimento do padrão, se estende este conhecimento a uma nova série de fatos, se estabelecem leis e se constroem modelos científicos. Um exemplo é a teoria atômica, resultado dos experimentos de Dalton com gases, que permitiu a construção de um modelo em que partículas menores se chocam e exercem pressão sobre as suas fronteiras.

A partir da formulação do método científico por Galileo em 1638,[2] baseado na formulação de hipóteses, experimentação, a análise dos resultados, e formulação de novas hipóteses, o progresso científico ganhou uma metodologia e as ciências da natureza experimentaram um rápido crescimento.

A física e a química operam sobre um conhecimento que permanece com o tempo, isso significa que os experimentos realizados atualmente revelam as leis que regem a natureza por todo o período de existência da Terra. Se um experimento for realizado em qualquer lugar do mundo sob as mesmas condições o resultado será o mesmo, ou seja, existe uma reprodutibilidade dos resultados e os trabalhos científicos subsequentes avançam sobre os questionamentos originários dos trabalhos anteriores, publicados nas revistas científicas e sedimentados nos livros-texto das áreas.

O conjunto das observações levou a um padrão muito mais geral. Newton aplicou este raciocínio sobre a queda das maçãs e estendeu para as órbitas de corpos celestiais e a formulação de uma lei de gravitação universal. As teorias de relatividade geral e restrita estenderam e generalizaram o padrão descoberto por Newton a um espaço curvo de quatro dimensões. Tanto a teoria do campo gravitacional quanto as leis da relatividade de Einstein permitiram a formulação matemática desses fenômenos, e levaram a uma capacidade de predizer as posições de corpos celestes com erros mínimos e desta forma adicionar mais fatos comprobatórios das teorias.

Contudo a compreensão sobre as causas fundamentais que levam as maçãs caírem e os planetas serem atraídos ainda não foi descoberta e a imersão sobre os fundamentos científicos ainda mostra que existem muitas perguntas não respondidas sobre a natureza da matéria, as constantes fundamentais, os mecanismos para o surgimento das espécies, o que convida a mente a aplicar-se em desvendar.

A Biologia é a ciência natural que se volta para a vida com avanços admiráveis na compreensão das relações entre os seres vivos e o ambiente.

A Teoria da Evolução Darwiniana tem sido visto como o fio que guia as descobertas, considerando a aptidão dos seres vivos na competição pela sobrevivência como o filtro para as novas espécies formadas a partir das modificações morfológicas pelos bilhões de anos, e recentemente o neo-Darwinismo incorpora o conhecimento genético considerando o gene como centro da evolução.

Figura 1: fotografia de Charles Darwin - 1880

O Darwinismo por sua vez, está intrinsecamente vinculado ao Naturalismo, que considera apenas a operação de fatores naturais e a maioria dos cientistas consideram-no como a única linha compatível com a ciência. A consequência é o excesso de otimismo quando resultados, às vezes parciais ou obtidos em condições muito específicas, corroboram alguma afirmação e uma resistência em aceitar os resultados que põem em dúvida alguns pontos.

Como e por que

O conhecimento científico avança na sua batalha contra a ignorância, através de perguntas: "qual a composição de um material, como posso utilizá-lo, como foi formado, como pode ser modificado", e as respostas vêm a partir de comparações com o conhecimento já estabelecido, aplicando os modelos ou criando novos.

Existem diferenças quanto à acessibilidade das condições para as respostas. Não é possível recriar uma colisão que tenha levado à origem da Lua, mas é possível observar o resultado da queda de asteroides e utilizar este conhecimento como base para propor ou refutar as teorias sobre a origem da Lua. As reações de síntese de aminoácidos em atmosferas modificadas podem ser realizadas e seus produtos analisados, obtendo com precisão a composição dos produtos, o que permite avaliar a adequação das condições iniciais. A química dos reagentes permanece a mesma, e os resultados gerados nos experimentos atuais são plenamente aplicáveis para a formulação das hipóteses químicas da origem da vida. O problema que se apresenta é a utilização de condições adequadas, que reflitam o estado químico do ambiente, e este depende da evolução histórica.

Esta dificuldade para estabelecer as condições pré-bióticas leva a uma grande diversidade de interpretações da evolução do planeta e permite uma imprecisão que não é comum às publicações na química, com uma quantidade muito maior de expressões do tipo "poderia ser explicado por" ou "provavelmente ocorreu desta forma".

Atualmente existe um campo ativo de pesquisa nessa área, que fundamentalmente não tem contato com a biologia, mas de forma inadequada toma para si um vocabulário que vem da teoria darwiniana sobre a evolução das espécies, que semeia confusão sobre os conceitos da química. Por exemplo, veja o início do editorial da conceituada revista "Accounts of Chemical Research" da Sociedade Americana de Química (ACS) em um fascículo voltado para esse campo: "Chemical evolution includes the capture, mutation, and propagation of molecular information and can be manifested as coordinated chemical networks that adapt to environmental change." (a evolução química inclui a captura, mutação e propagação de informações moleculares e pode se manifestar como redes químicas coordenadas que se adaptam às mudanças ambientais, tradução nossa).

Esta definição da "evolução química" traz no seu bojo a ideia sobre como a informação biológica surgiu e se manteve e a relação química com as mudanças ambientais. Estes são paradigmas tipicamente correlatos à evolução das espécies, e para a química os fundamentos são a estrutura, estabilidade e reatividade, porque moléculas não têm um objetivo de acumular informação, aliás, moléculas não têm nenhum objetivo.

Atribui-se aos sistemas químicos a capacidade de "aprender, capturar e integrar informação sobre o ambiente", o que é uma propriedade apenas de seres vivos. As moléculas orgânicas seguem as leis da termodinâmica e os princípios de reatividade.

O uso do termo "adaptação" também é uma expressão forçada para a química, porque pressupõe que as moléculas devam responder e se adaptar às novas condições, mas o que ocorre em realidade são modificações em concentrações de acordo com as leis da termodinâmica, seguindo mecanismos plausíveis.

Requisitos mínimos

A menor unidade viva é a célula, e a complexidade dos processos tem sido revelada pelo crescimento da bioquímica, cada vez mais armada com novos equipamentos para a análise molecular.

O organismo mais estudado é a *Escherichia coli* (*E. Coli*), uma bactéria que vive no trato gastrointestinal. Em 1996, foi publicado um compêndio de 2.800 páginas e 2 volumes com artigos que resumiam o conhecimento sobre este organismo.[3] Um único ser de *E.coli* apresenta cerca de 2,4 milhões de moléculas de proteínas e 4000 tipos diferentes,

255.000 moléculas de ácido nucleico, 1.400.000 de moléculas de polissacarídios e 22 milhões de moléculas de lipídios, constituídas por 50 a 1000 tipos diferentes e 800 tipos de moléculas diferentes na correta concentração.

O DNA de *E. coli* contém 4288 genes,[4] e para menos da metade foi estabelecida uma função. *E. Coli* não é o organismo mais simples; a bactéria *Mycoplasma genitalium* vive em humanos e tem apenas 471 genes.[5] Contudo, independentemente de sua complexidade, um ser vivo deve ter algumas funcionalidades mínimas:

• compartimentalização – uma membrana física semi-permeável circunda os constituintes internos da célula e atua como uma barreira seletiva que regula a entrada e saída de materiais e energia. A membrana também protege contra ataques de parasitas;

• replicação – a informação genética é armazenada na forma de moléculas de DNA recebidas pelas células filhas após a divisão celular. A polimerização promovida por um molde é utilizada como um mecanismo universal para copiar informação hereditária, que ocorre através de proteínas que realizam a transcrição de DNA para RNA e a translação de RNA em proteínas. Este é chamado de "dogma central" da biologia;

• metabolismo: catalisadores baseados em proteínas (enzimas) são utilizados em um grande número de transformações químicas para a autossustento e renovação, bem como processamento de informação (transcrição, translação e replicação do DNA);

• energização – a célula é mantida em um estado de equilíbrio dinâmico (homeostase) que vem de condições de não equilíbrio que requer um contínuo afluxo de energia do entorno para sustentar a vida e gerar o crescimento e a divisão.

• Adaptação – a célula demonstra a capacidade de mudanças que ocorrem em seu ambiente através de processos adaptativos, que envolvem a interação entre hereditariedade, variações, adequação ao ambiente e pressões de seleção.

2 - Um pouco de história

O universo

A data para o início do universo situa-se a 13,8 bilhões de anos atrás com a formação dos três primeiros elementos: hidrogênio, hélio e lítio. Aglomerados de matéria foram formados, gerando estrelas que iniciam o processo de fusão termonuclear, juntando núcleos e formando elementos com núcleos maiores.

A síntese de núcleos de elementos mais pesados (nucleossíntese) até o níquel (com 28 prótons no núcleo) pode ocorrer em estrelas do tamanho do Sol, porém a nucleossíntese de elementos mais pesados requer energias encontradas apenas em supernovas. Assim, a complexidade química de planetas como a Terra se origina da explosão de estrelas que espalharam a sua matéria, formando nebulosas que se reagrupam em novos sistemas.

Sistemas vivos que requerem elementos com número atômico maior que o níquel não poderiam ter existido após a explosão das primeiras supernovas. A maior parte dos átomos utilizados nos processos bioquímicos vem de elementos mais leves que o níquel, e compõem >99,9% dos átomos da vida, porém alguns elementos desempenham papel fundamental. Por exemplo, o tungstênio atua na fixação de nitrogênio, quebrando a molécula de nitrogênio e formando nitrato.

A presença de moléculas tem sido detectada em nuvens interestelares desde a década de 60, utilizando técnicas de detecção no infravermelho e ultravioleta. Moléculas mais comuns são monóxido de carbono, dióxido de carbono, metanol, formaldeído, benzeno, acetileno e acetonitrila, assim como radicais CH_3, CN ou íons[6] com estrutura não-usual como N_2H^+, HCO^+ e o fullereno com sessenta átomos de carbono (C_{60}) foi reportada por Cami em 2010.[7]

Cometas e meteoros

Acredita-se que cometas e meteoros sejam testemunhas rochosas das condições iniciais do Sistema Solar. Os cometas são pequenos corpos espaciais com trajetórias elípticas muito alongada, alguns são periódicos e sua posição pode ser conhecida com o tempo. Sua origem é atribuída conforme o período. Os cometas de período curto se originam do Cinturão de Kuiper, além da órbita de Netuno, enquanto os cometas de período longo se originam da nuvem de Oort, situada a quase um ano-luz do Sol. Além do estudo da composição pelo espectro de emissão, já foram enviadas sondas para analisar suas rochas. O aminoácido glicina foi descoberto na nuvem em torno do cometa 67P/Churyumov-Gerasimenko pela sonda da Agência Espacial Européia, conforme publicado no *Science Advances*.[8] O aminoácido foi detectado na poeira liberada pelo cometa, por um espectrômetro de massa na sonda, que também registrou a presença de fosfato, metilamina, etilamina, e os ácidos sulfídrico (H_2S) e cianídrico (HCN). A glicina é o único aminoácido que pode ser produzido sem a presença de água líquida e por isso tem sido o único aminoácido encontrado em cometas em que as alterações por água são altamente implausíveis.

Figura 2: cometa 67P, fotografado pela estação Rosetta.

Os meteoros são corpos menores, que ao entrar na atmosfera formam um rastro brilhante, chamado de "estrela cadente". A maioria nem chega ao solo, queimando completamente, e aqueles que atingem o solo são chamados de meteoritos. Os meteoritos podem ser rochosos, constituídos por silicatos, ferrosos, compostos por ligas de ferro e níquel ou uma mistura dos dois.

Formações minerais encontradas em um meteorito originário de Marte[9] foram atribuídas à atividade de bactérias devido à similaridade morfológica, em um anúncio que envolveu até o presidente americano Bill Clinton,[10] contudo demonstrou-se que tais formações podem ser formadas sem a atuação de seres vivos.[11] A seguinte fotografia foi reproduzida em muitos livros e utilizada como evidência da origem da vida extraplanetária.

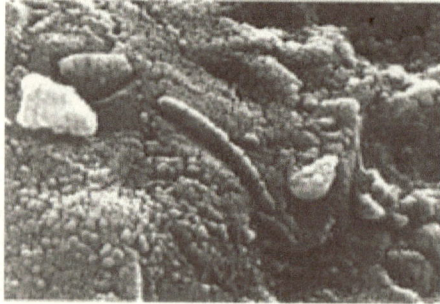

Figura 3: microscopia eletrônica do meteorito ALH84001

O meteorito de Murchison

No ano de 1969, um meteorito de aproximadamente 100 kg, entrou na atmosfera terrestre e caiu na região de Murchison, na Austrália. Os fragmentos que resultaram eram relativamente grandes, o que permitiu que o seu interior se mantivesse preservado, sem a contaminação de biomoléculas terrestres. A idade do meteorito é estimada em 4,95 bilhões de anos.

Figura 4: fragmento do Meteorito de Murchison- Museu Nacional em Chicago

Tabela 1: compostos encontrados no meteorito de Murchison e concentrações

Classes de Compostos	Concentração (ppm)
Aminoácidos	17-60
Hidrocarbonetos alifáticos	>35
Hidrocarbonetos aromáticos	3319
Fulerenos	>100
Ácidos carboxílicos	>300
Ácidos hidrocarboxílicos	15
Purinas and pirimidinas	1,3
Alcoois	11
Ácidos sulfônicos	68
Ácidos fosfônicos	2

A análise da composição molecular do meteorito mostrou a presença de 14.000 compostos, incluindo 70 aminoácidos.[12] Análises anteriores que identificaram excesso enantiomérico em aminoácidos foram atribuídos à contaminação no contato com a biosfera terrestre[13], e a análise de purinas e pirimidinas mostraram uma proporção maior do isótopo 13 de carbono do que a proporção encontrada na Terra, o que evidencia uma origem não-terrestre para esses compostos.[14]

O Sistema Solar

O sistema solar originou-se há 4,57 Ga[15] e o acréscimo de pequenos corpos da nebulosa que deu a origem à Terra teria ocorrido ~10 milhões de anos depois do nascimento do sistema solar.[16]

É impossível conhecer o ambiente primordial da Terra com exatidão, e a principal razão para isso é que a vida modificou o planeta, alterando de forma completa a sua composição. Hidrogênio, carbono, oxigênio, nitrogênio, enxofre, fósforo, ferro e outros elementos presentes na biosfera passam ou passaram pelos seres vivos e sofrem a ação dos seus resíduos, como o oxigênio.

Entre os principais gases da atmosfera terrestre, o oxigênio e o dióxido de carbono são gerados por seres vivos, enquanto nitrogênio e argônio são inertes e fariam parte de uma atmosfera primitiva. O astrônomo Carl Sagan propôs o uso de bactérias modificadas para fixar o carbono e melhorar as condições da superfície de Vênus para a vida, porém a ideia foi refutada pela quantidade ínfima de hidrogênio, presentes em pequenas quantidades na forma de fluoreto de hidrogênio, cloreto de hidrogênio e ácido sulfúrico.

Por isso se recorre ao estudo da composição de sistemas planetários em que a vida não tenha alterado a composição para construir modelos sobre as condições iniciais do planeta. Seguem alguns detalhes dos planetas do Sistema Solar:

1) Mercúrio não apresenta atmosfera importante, pela sua baixa gravidade e proximidade do Sol;

2) o planeta Vênus apresenta similaridades com a Terra como o tamanho e distância do Sol, porém apresenta uma atmosfera muito densa composta principalmente por CO_2;

3) a atmosfera de Marte é muito fina, com uma pressão de 600 pascal, cerca de 0,6% da atmosfera da Terra, composta principalmente de CO_2 (96%), Argônio (1,9%), N_2 (1,9%) e traços de água, metano, oxigênio e monóxido de carbono. A massa menor desses planetas retêm os gases de maior massa, como N_2, O_2, CO_2 e argônio, enquanto hidrogênio e hélio escapam;

4) o hidrogênio é o principal componente dos grandes planetas, com proporção de 92,5 % em Júpiter e 96 % em Saturno. As altas pressões nesses dois planetas liquefazem o hidrogênio e podem inclusive levar ao hidrogênio metálico, em que o seu comportamento se assemelha aos elementos da família 1, como o lítio e sódio.

A Lua é o único satélite da Terra, com um raio de 27 % da Terra. A hipótese mais aceita para a formação da Lua é do "Impacto gigante" entre a Terra e um corpo do tamanho de Marte e parte do manto terrestre teria sido expelido para o espaço, formando a Lua.

A Terra

A Terra teria atingido sua massa atual entre 4,51 e 4,45 bilhões de anos[17,18,19] atrás e seu núcleo formou-se após <30 Ma. [20,21] Sua superfície seria coberta por um oceano de magma, e rapidamente esfriou no fim do processo de acréscimos, e a crosta inicial teria se formado. Essa é o período Hádico, que vai de 4,5 a 4,0 bilhões de anos.

Atualmente, a massiva presença de água na crosta terrestre atua como um modulador de temperatura, pela alta capacidade calorífica da água. Porém a grande quantidade de água que cobre o planeta constitui um enigma para uma terra quente, o que levou à ideia que a água teria vindo de cometas que atingiram o planeta após o planeta ter diminuído sua temperatura.

A temperatura primordial da Terra não é um consenso entre os geólogos, contudo as medidas da distribuição entre os isótopos do oxigênio em materiais formados há cerca de 3,45 bilhões de anos na África do Sul mostram uma composição semelhante às rochas mais recentes.[22] Uma vez que a proporção entre os isótopos varia conforme a temperatura que a rocha é formada, a conclusão é que essa temperatura seria muito próxima à atual.

As estimativas devido à reflexão da Terra sem atmosfera usando a equação de Russel-Bond levam a valores de 250-255 K (-23 a -28° C) , enquanto as médias de temperatura oscilam entre 286 a 288 K (13 - 15° C).[23] Desta forma, a contribuição do efeito estufa é de 31° C, causada pela absorção de luz na região do infravermelho pela água em maior grau, e metano, CO_2 e outros gases em menor proporção. Podemos inferir que se o planeta não tivesse água, sua temperatura média estaria abaixo de -20° C, o que seria incompatível com as formas de vida mais simples.

Se houve a queda de cometas que trouxeram água suficiente para cobrir cerca de 70% do planeta de água com uma profundidade média de 3000 m, podemos considerar um "timing" extremamente justo para que a temperatura se mantivesse adequada para a vida que surgiria considerando que o Sol teria 20-30% menos potência que o momento atual.

Datação arqueológica

A definição da história de um fóssil é realizada pelo estrato em que ele é encontrado, e existem métodos para a determinação da idade que o material foi fossilizado.[24]

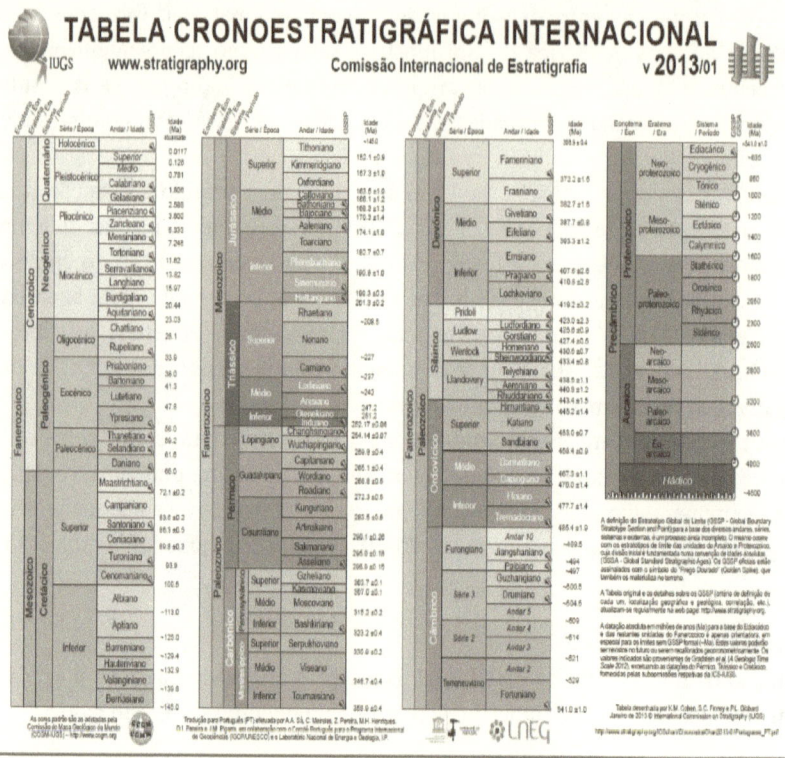

Figura 5: sequência de eras geológicas

O método relativo estabelece a sequência de acordo com a variação de camadas. Na maior parte dos casos, as camadas inferiores são mais antigas do que as camadas superiores.

Figura 6: visualização de estratos no Grand Canyon, Estados Unidos

A presença de material fossilizado permite uma estimativa da idade da rocha, contudo requer o estabelecimento de uma escala por um método independente, para evitar um raciocínio circular.

A medida da proporção de isótopos radioativos é um destes métodos, porque resulta da medida do tempo de meia-vida de um elemento, que não se altera com variações externas como a temperatura.[25]

Quando o mineral é formado no estado cristalino, apresenta uma composição fixa entre os elementos componentes. Por exemplo, o quartzo apresenta composição SiO_2, ou seja, para cada átomo de silício existem dois átomos de oxigênio. A matriz do qual um mineral de quartzo formou-se também apresentava um grande número de átomos de elementos distintos, e conforme o lento resfriamento, ocorreu a solidificação. Os minerais de maior ponto de fusão passam de um estado líquido para o estado sólido primeiro, e seguiu a formação dos sólidos de acordo com a disponibilidade atômica e a ordem de ponto de fusão. Porém outros átomos podem ficar presos no interior e induzir propriedades distintas, como no caso da cor violácea da ametista, proveniente da presença de átomos de ferro na estrutura do quartzo.

Figura 7: fotografia da ametista. Gonzalo Devia - Obra do próprio, CC BY-SA 4.0,
https://commons.wikimedia.org/w/index.php?curid=34696023

A inclusão de átomos de elementos radioativos na estrutura do mineral permite estabelecer o tempo em que este mineral foi formado é uma ferramenta útil para a datação de rochas. A radioatividade se origina da emissão de partículas ou radiação de núcleos de isótopos instáveis, que se convertem em outros isótopos até chegar em um isótopo estável, em sequências de reações nucleares.

O isótopo carbono-14 (C^{14}) tem 6 prótons e 8 nêutrons e transforma-se ao longo do tempo em nitrogênio-14 (N^{14}), com 7 prótons e 7 nêutrons. Esta transformação tem um tempo de meia-vida de 5730 anos. Em um conjunto de 100 átomos de C^{14}, 50 se transformarão em N^{14} em 5730 anos e após outros 5730 anos, restarão 25 átomos de C^{14} originais.

O método do C^{14} pode ser usado em amostras recentes, mas depois de um período de dez meias-vidas a quantidade de C^{14} se torna muito pequena para ser determinada, e se torna necessário outro isótopo a ser utilizado.

O urânio transforma-se em chumbo através de uma cascata de reações nucleares. A série envolve emissões de partículas alfa, com a perda de um núcleo de hélio (2 prótons e 2 nêutrons) e partículas beta (elétron ejetado pelo núcleo). O tempo de vida do isótopo 238 do urânio é de 4,47. 10^9 anos e do isótopo 235 é 710 milhões de anos.

$$U^{238} \rightarrow Pb^{206}$$
$$U^{235} \rightarrow Pb^{207}$$

O mineral mais utilizado nesta determinação é o zircônio $ZrSiO_4$, que incorpora urânio e tório na sua estrutura, mas não chumbo. Assim, todo o chumbo encontrado na amostra se origina do decaimento do urânio e determinando o número de átomos de urânio e chumbo em um mineral, é possível determinar a idade deste mineral.[26] Outro aspecto que qualifica o zircônio é sua inércia química e resistência mecânica. O tempo de formação do mineral pode ser calculado pela equação a seguir:

$$\frac{Pb^{206}}{U^{238}} = e^{\lambda_{238} \cdot t} - 1$$

, em que Pb^{206} é a quantidade do isótopo 206 do chumbo, U^{238} é a quantidade do isótopo 238 do urânio, e = 2,7138 e λ_{238} é o tempo de meia vida do U^{238} e *t* é o tempo que se passou após a formação do mineral.

A datação de materiais de planetas e meteoritos provenientes do sistema solar interno tem sido realizada através das medidas das proporções entre háfnio-182 e tungstênio-182.[27]

O método cintilográfico mede o número de defeitos na rede cristalina, causados pela radiação extraterrestre. Supondo que a taxa de erros é constante, é possível estimar a data de formação do cristal.

As formações de Isua, Groenlândia

Atualmente a Groenlândia situa-se em uma região ártica, com poucas formas de vida adaptadas ao frio intenso, porém acredita-se que há 3,9 bilhões de anos atrás, fazia parte de um supercontinente e se localizava em regiões tropicais, com maior incidência de luz solar.

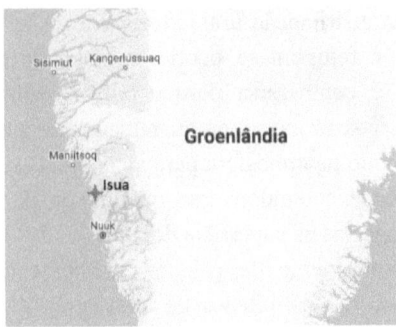

Figura 6: Localização do cinturão de Isua, na Groenlândia

As formações rochosas sedimentares e metamórficas no sudoeste de Groenlândia têm sido apontadas como as primeiras evidências de fotossíntese, incrustadas em vêm de rochas sedimentares em que formações contendo grafite, BIFs e silicatos. Estas formações são datadas em 3,9 bilhões de anos, e teriam passado por temperaturas entre 500 e 600° C e altas pressões.

Embora diversas publicações tenham repercutido essas evidências de origem da vida, não existe um consenso na literatura científica sobre a origem orgânica ou inorgânica deste material.

As questões giram em torno da morfologia do grafite formado, pela dificuldade para atribuir sua origem a material orgânico ou de rochas carbonáceas. As evidências para a origem biológica é a composição do material, com baixa proporção do isótopo C^{13}. É um fato conhecido que os seres vivos acumulam os isótopos mais leves dos elementos. Segundo alguns estudos,[28] o grafite é formado de grãos em forma poligonal e pequenos tubos, enquanto grafite de origem de carbonato abiótico teria a forma de flocos.

Figura 7: formações de ferro bandado em Isua

O fato de estar incrustado em rochas com BIFs é uma evidência para a oxigenação da atmosfera, porque os depósitos de óxidos férricos são normalmente associados ao acúmulo de oxigênio na atmosfera.

As evidências obtidas pela distribuição urânio/tório em rochas de Isua indicariam que a produção de oxigênio por fotossíntese ocorreria antes de 3700 milhões de anos.[29] Contudo, esta conclusão é controversa porque outros sedimentos do Arqueano não preservam o mesmo sinal.[30] A formação de quantidades de grafite também deixa outros pontos. Se não havia oxigênio na atmosfera para a combustão, qual foi a reação que deu origem ao grafite? Como se acumulou essa quantidade de material orgânico, se as cianobactérias estavam dispersas na superfície do mar?

Outra evidência para o surgimento da vida recentemente descoberta são formações rochosas atribuídas datadas de 3,7 bilhões de anos atrás e atribuídas à formação de estromatólitos nessa mesma região da Groenlândia,[31] que seriam 220 Ma anteriores às formações de Pilbara, na Austrália.[32] Os perfis dos estromatólitos aparecem na forma de "travesseiros" sobre uma camada uniforme, com um perfil assemelhado a formações atuais. A rocha teria se metamorfizado a temperaturas abaixo de 550° C, e a idade da rocha foi datada usando o método tório/urânio.

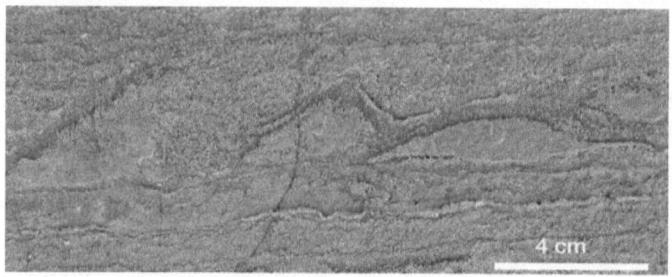

Figura 8: relevo atribuído a estromatólitos em rocha

Os estromatólitos são estruturas resultantes do acúmulo de sedimentos de micro-organismos, especialmente cianobactérias, compostos de aragonita, uma das formas minerais do carbonato de cálcio. A sua produção é resultado da formação de colônias de bactérias, que sintetizavam estas estruturas para manter um ambiente mais tranquilo para o crescimento. Atualmente, são reportadas formações de estromatólitos na Austrália (Shark Bay) e no Brasil (Rio Grande do Norte)

Esses resultados mostrariam um comportamento mais avançado das cianobactérias, resultado da cooperação entre os seres e seria uma evidência da alcalinidade do ambiente, já que os carbonatos não formam agregados em pH neutro ou ácido.

GOE

O grande evento de oxigenação (GOE) foi a introdução do oxigênio livre na atmosfera, atribuído à fotossíntese das cianobactérias. As estimativas é que este evento tenha iniciado há três bilhões de anos atrás até um bilhão de anos atrás. A produção e acúmulo do oxigênio teriam variado de acordo com o tempo:[33, 34]

1. 3,5 bilhões de anos atrás - era Arqueana: produção de oxigênio por cianobactérias em estromatólitos;
2. oxigênio provoca depósitos de óxidos de ferro em estruturas de ferro bandado (BIFs);
3. cerca de 2,4 bilhões de anos atrás - era Paleoproterozoica: oxigênio livre escapa para a atmosfera, a maior parte é absorvida pela terra;
4. cerca de 850 milhões de anos atrás - era Neoproterozoica: oxigênio acumula na atmosfera. Continua a aumentar na era Paleozoica até os níveis atuais

A fotossíntese produziu oxigênio antes e depois da GOE. A diferença é que antes da GOE, a matéria orgânica e o ferro capturavam qualquer oxigênio livre. O ferro dissolvido se tornou óxido de ferro e grandes depósitos têm sido encontrados como bandas de minério de ferro, das eras Arqueana e Proterozoica.
A GOE inicia quando estes minerais se tornam saturados de oxigênio e não puderam mais capturar e o excesso de oxigênio foi liberado na atmosfera. A evolução do oxigênio na atmosfera é representada pelo gráfico abaixo, e dividida em estágios.

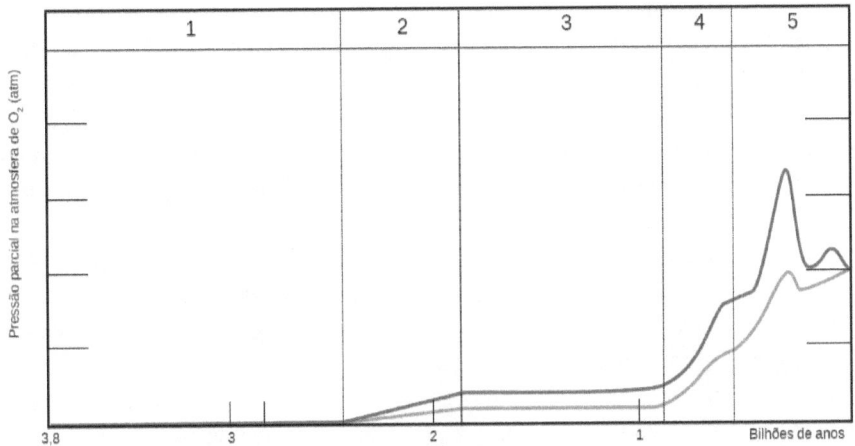

Figura 9: modelos para a evolução do oxigênio com o tempo, medido em bilhões de anos (Ba)- as linha verde e vermelha são os limites mínimos e máximos de O_2 .Estágio 1 (3,85-2,45 Ba): não existe O_2 na atmosfera; estágio 2 (2,45 – 1,85 Ba): produção de O_2, mas absorvido no oceano e rochas do fundo do mar; Estágio 3 (1,85 – 0,85 Ba): O_2 é liberado, mas é absorvido pelas superfícies terrestres; Estágio 4,5 (0,85 – presente): O_2 acumula na atmosfera.

O oxigênio seria tóxico para a maioria dos seres presentes na Terra neste tempo com a extinção de espécies que não resistissem ao oxigênio. O surgimento de grandes quantidades de oxigênio levaria à oxidação do metano atmosférico para dióxido de carbono. O metano é um gás muito ativo para o efeito estufa, e o resultado seria a diminuição drástica da temperatura, e o planeta teria congelado neste momento.[35] Os intermediários para essa passagem seriam o metanol, formaldeído e ácido fórmico, porém não se conhece nenhum depósito destes compostos para testemunhar esta transição.

O surgimento de todo um metabolismo baseado em oxigênio teria surgido a partir de 600 milhões de anos atrás, de forma muito rápida, tanto em animais quanto em vegetais superiores. O oxigênio somente teria permanecido na atmosfera em quantidades um pouco antes (~50 milhões de anos) antes do início da GOE.[36, 37]

A geração de toda a cadeia respiratória baseada na oxidação por oxigênio somente teria se desenvolvido após a GOE. O oxigênio teria sido limitante para o surgimento de novas formas de vida, assim temos um contra senso – o veneno seria o motor da evolução.

Os principais phyla (filos) teriam surgido no Cambriano, que é o período compreendido entre 540 e 490 mA: peixes, artrópodes, anfíbios, répteis e sinapsídios. Esse período é chamado de explosão do Cambriano. Isso teria dado apenas 50 milhões de anos para que surgisse toda a cadeia respiratória.

A molécula de O_2 apresenta características únicas: a disponibilização de alta energia para o surgimento de vida complexa e a estabilidade para existir em quantidades razoáveis e na estratosfera é convertido a ozônio (O_3), que atua como bloqueador de raios ultravioleta de alta energia, assim a partir deste momento, a superfície da Terra estaria a salvo da incidência dos raios UV-B.

O metabolismo aeróbico fornece cerca de uma ordem de magnitude mais energia do que o metabolismo anaeróbico e o resultado é que seres anaeróbicos não crescem além da complexidade de seres filamentares.

Contudo, mesmo com metabolismo aeróbico, a pressão parcial do O_2 atmosférico precisa exceder 10^3 Pa (1 Pascal = 1 N/m^2; 1 atm = 101325 Pa) para permitir que seres que dependem da difusão do O_2 de tamanho de cerca de 1 mm e p_{O2} da ordem de 10^4 Pa para ser de 10^{-2}m , que já têm uma fisiologia circulatória.

Uma maior concentração de oxigênio teria ocorrido há 300 milhões de anos atrás (veja o pico na curva verde do gráfico acima), que pode ter sido o indutor do surgimento dos insetos gigantes, encontrados em fósseis. As quantidades maiores de oxigênio possibilitariam uma maior difusão pelo exoesqueleto, permitindo uma maior penetração no interior do inseto sem a necessidade de pulmões.

A oxigenação da atmosfera é uma etapa limitante na evolução de vida complexa, que seria aplicável a outros planetas habitáveis.[38]

A maior Bola de Neve

Há 650 milhões de anos, a Terra pode ter se tornado uma imensa bola de neve a vagar pelo espaço. Uma diminuição da temperatura na superfície terrestre, provavelmente causada pela diminuição da quantidade de gases que provocam o efeito estufa. O consumo do metano pelo oxigênio teria sido o causador desta hecatombe. O metano é 73 vezes mais ativo como gás causador de efeito estufa do que o CO_2.

*Figura 10 **uma Terra completamente congelada?***

A hipótese da bola de neve vem da análise de rochas sedimentares, carbonatos superficiais ("cap carbonates") e formações de ferro bandado (BIFs), em massas de terra que estariam em latitudes baixas.

O planeta estaria coberto por gelo, refletindo a radiação solar de volta ao espaço. O cientista russo Mikhail Budyko desenvolveu um modelo baseado em equilíbrio energético, e concluiu que o avanço da calota polar em latitudes um pouco menores do que as regiões polares resultaria em uma reflexão maior e menor absorção da radiação solar. O resultado seria um avanço progressivo da calota polar, levando a novos estados de equilíbrio até que toda a Terra fosse coberta por gelo.

Outra hipótese para um fenômeno do tipo "bola de neve" é a mudança do eixo da Terra, que poderia ter migrado para regiões mais próximas dos trópicos. Esse efeito deixaria uma grande região sem insolação o ano inteiro e uma pequena incidência de lua nos trópicos e um hemisfério com insolação todo o ano.

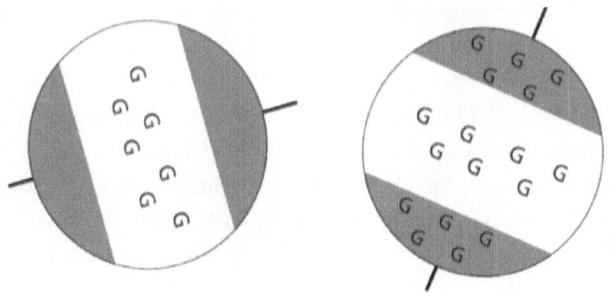

Figura 11 variação dos polos geomagnéticos da Terra

O degelo teria sido causado pelo aumento do efeito estufa provocado pela liberação de dióxido de carbono por vulcões.

As consequências foram a diminuição da cobertura vegetal, com uma grande perda de biodiversidade e apenas as espécies adaptadas a um clima frio sobreviveram. Com isso, o carbono foi liberado para o ambiente, aumentando a proporção de C^{12} no ambiente e diminuindo δC^{13}.

Esse estado seria improvável de sofrer reversão pela diminuição da absorção de calor pela superfície terrestre, e nesse sentido foi formulada a hipótese que o aumento de atividade vulcânica teria levado a uma liberação de CO_2, que seria responsável pelo efeito estufa.

Não existem modelos para estimar a quantidade de CO_2 para provocar esse efeito. Contudo, a emissão da luz solar na região de absorção do CO_2 (por volta de 2000 nm) é pequena para provocar o efeito estufa. A maior parte do efeito estufa se deve à presença de água na atmosfera, que absorve em regiões de maior emissão de luz solar.

Um planeta com a superfície congelada reflete a maior parte da luz para o espaço, sem qualquer absorção. Esse panorama da bola de neve apresenta uma grande dificuldade de retorno. Alguns pesquisadores contornam esse questionamento com a ideia da bola de lama, em que as superfícies próximas ao Equador não estariam congeladas, pela atividade vulcânica.

Um meteoro

O evento conhecido por ter destruído os dinossauros foi a queda de um corpo celeste de grandes dimensões na transição do período Cretáceo para o Paleogeno[39] (K-Pg boundary, antigamente conhecida como K-T). Uma das evidências é o aumento de 30 a 100 vezes a presença de irídio nesta linha geológica em todo o planeta, enquanto a crosta da terra apresenta baixas quantidades dos elementos pesados, incluindo Pt, Os, Ir, e Rh.

A cratera originária deste choque estaria no fundo do mar, próximo a Chicxulub, no estado de Yucatan, México. O choque teria fritado qualquer ser a 1000 quilômetros de distância, e causado uma nuvem de sedimentos que teria impedido a luz solar de atingir a superfície da Terra, diminuindo a temperatura até atingir uma média de -8º C.

Outras crateras da mesma época foram encontradas no mar do Norte, próximo à Grã-Bretanha[40] e na Ucrânia.[41] Embora muito menores, seriam uma evidência da frequência da entrada de corpos celestes na atmosfera no fim do Cretáceo.

Este evento teria marcado o fim do reinado dos Sáurios sobre a superfície o planeta e iniciado o domínio das aves e mamíferos. Seres do tamanho de ratos se diferenciaram e originaram uma série de novas famílias que conquistaram também os ares e oceanos.

Novas evidências

No momento em que escrevo este texto, novas descobertas de atividade de seres vivos estão sendo relatadas. A revista Nature publicou em 2017 um estudo que compara depósitos minerais de hematita e outros óxidos de ferro descobertos na região do escudo canadense, com aqueles formados por Archaea metabolizadores de ferro e observaram uma grande similaridade morfológica.

Estas formações são da ordem de micrômetros, de forma espiralada. A rocha em que estão incrustados foi datada por volta de 3,77 bilhões de anos, embora possa ser ainda mais antigo segundo outro método, chegando a 4,28 bilhões de anos. Se isso for verdade, colocaria o início da vida em um tempo muito próximo do resfriamento do planeta.

Esta descoberta também põe em xeque o vínculo da formação de BIFs com o surgimento do oxigênio, porque não seria necessário oxigênio para a oxidação do ferro, que agora seria feito por estes seres. Se os seres metabolizadores de ferro surgiram cedo, existe outra fonte para a formação dos óxidos de ferro em quantidade, o que põe por terra a ideia de que a atmosfera era inicialmente redutora e que o oxigênio foi surgindo aos poucos e capturado pelo ferro, até a sua completa oxidação.

Os primeiros fósseis de vida complexa foram datados de 1,6 bilhão de anos, incorporadas a estromatólitos, pela identificação de estruturas semelhantes a cloroplastos no interior de uma fosforita.[42] Esta descoberta adianta 400 milhões de anos a data anterior de surgimento de algas vermelhas.

Os estromatólitos são rochas formadas pela atividade de micro-organismos, especialmente cianobactérias, em ambientes aquáticos. Organismos foraminíferos são protistas ameboides com uma concha externa de carbonato e quando morrem formam sedimentos marinhos e muitos são endosimbiontes com algas.

3 - Componentes e elementos da Terra

O nosso planeta apresenta a matéria distribuída nos seus três estados: gasoso, líquido e sólido. A atmosfera é constituída por moléculas no estado gasoso, com uma proporção de 20% de oxigênio, o elemento oxidante que recebe os elétrons e hidrogênios liberados no metabolismo, do dióxido de carbono, que constitui a entrada de carbono para a biossíntese de moléculas e do nitrogênio, fonte deste elemento nos processos vitais. A fase líquida são as massas de água que cobrem 75% da superfície do planeta e sua presença na biosfera é essencial para a existência da vida, porque o seu principal componente, a água, constitui a maior parte da massa dos seres vivos e regula a temperatura do planeta. A fase sólida constitui o interior do planeta, o fundo dos mares e as porções terrestres.

Atmosfera

A relação dos seres vivos com a atmosfera é evidente para nós, pela necessidade da respiração, porém outros fenômenos não são tão claros: o nitrogênio que compõem todos os seres vivos se origina das reações de redução das moléculas de N_2 atmosférico e a entrada de carbono nos ciclos vitais ocorre pela redução do dióxido de carbono em vegetais e algas, enquanto o vapor d'água regula a temperatura e os regimes de chuva no planeta.

O nosso planeta apresenta uma atmosfera única, pela baixa concentração de dióxido de carbono, quando comparado com os outros planetas internos do Sistema Solar. Porém, o componente mais estranho da atmosfera é o oxigênio, cuja proporção chega aos 20%, o que confere à atmosfera uma característica fortemente oxidante.

A sua presença na atmosfera é atribuída à sua formação pela fotossíntese de vegetais e cianobactérias, através da oxidação da água. Na fotossíntese os elétrons são utilizados para a redução do carbono. De forma geral podemos esquematizar a síntese da glicose como:

$$6\,H_2O \;+\; 6\,CO_2 \longrightarrow H_{12}C_6O_6 \;+\; 6\,O_2$$

água   dióxido de   glicose   oxigênio
          carbono

O oxigênio seria um subproduto dessa reação, nocivo aos seres anaeróbicos. A presença do oxigênio pode ser considerada uma anomalia atmosférica por ser um agente fortemente oxidante frente a metais e à matéria orgânica, e a sua presença reflete as mudanças que a vida causa na química do planeta.

Um outro efeito do oxigênio é a proteção que o ozônio (O_3) exerce sobre o planeta. A molécula de dioxigênio (O_2) é bombardeada pela radiação solar de alta energia na troposfera e é transformada em outra forma alotrópica deste elemento, o ozônio. A radiação fornece a energia necessária para a quebra da molécula do oxigênio em átomos de oxigênio, que na sequência reagem com outra molécula de oxigênio, conforme o esquema a seguir.

$$O_2 \longrightarrow O + O$$

$$O_2 + O \longrightarrow O_3$$

Os espectros de transmitância dos principais gases atmosféricos estão mostrados a seguir.

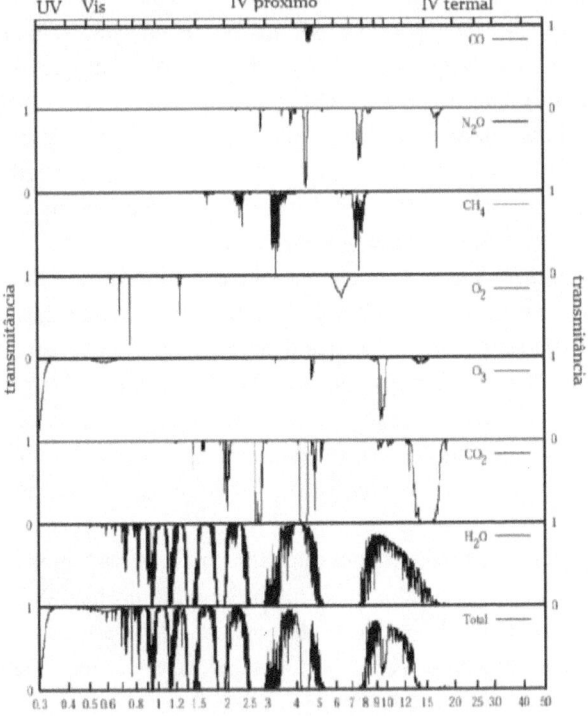

Figura 12: espectros de absorção de gases presentes na atmosfera

Observe o início do espectro do ozônio. Nenhum outro gás absorve na região do UV, o que dá ao ozônio esta característica que protege a superfície da terra da incidência na região do ultravioleta. De forma indireta, a presença do oxigênio na atmosfera protege os seres vivos da incidência dos raios UV-B (entre 200 a 315 nm), que tem energia suficiente para quebrar ligações carbono-carbono e provocar diversas reações fotoquímicas.

Atmosfera oxidante ou redutora?

A atmosfera atual é fortemente oxidante pela presença de oxigênio, porém os experimentos para a síntese de biomoléculas precursoras têm sido realizados em meio redutor, utilizando CH_4, NH_3 e H_2O. As consequências da composição sobre as reações que envolvem o início da vida são óbvias, porque os reagentes disponíveis para a síntese das primeiras moléculas seriam os componentes da atmosfera. Os experimentos de Miller-Urey e os seguintes tinham por princípio utilizar atmosferas redutoras, o que induziu as considerações sobre a atmosfera arcaica como sendo redutora.

Um dos gases propostos na atmosfera primordial é a amônia NH_3, como um gás com características alcalinas e que levaria a reações de síntese de aminoácidos. Na atmosfera atual, as maiores emissões de amônia se devem a criação de animais e liberação por fertilizantes. As outras fontes de amônia são processos industriais, emissões veiculares e volatilização do solo e oceano e os recentes estudos indicaram que as emissões de NH_3 têm aumentado nas últimas décadas em uma escala global. [43]

A alta solubilidade da amônia em água (52,9 g NH_3/ 100 mL de água) mostra que a quantidade na atmosfera seria muito pequena , e que teríamos um oceano com pH fortemente alcalino (maior que 10 unidades de pH), enquanto a maior parte dos autores aponta para a existência de um oceano mais ácido que o atual (pH = 8,2).

O metano (CH_4) também é um candidato recorrente nos estudos da evolução atmosférica, e esta candidatura é mais sólida do que de amônia e hidrogênio. Depósitos naturais de metano são bem conhecidos tanto na terra quanto no mar. Sob a superfície da Terra ou dos oceanos podem ser encontrados reservatórios de gás natural, com mais de 95 % de metano em sua composição, enquanto o mar abriga depósitos de hidratos de metano, sólidos formados pela cristalização conjunta de água em torno de moléculas de metano, com uma composição nominal $(CH_4)_4(H_2O)_{23}$, ou 1 molécula de metano para 5,75 de água.

A alta pressão da coluna de água (maior que 300 m) e a baixa temperatura (em torno de $2°$ C) estabilizam estes agregados e a remoção para profundidades menores, com pressões mais baixas desestabiliza a estrutura desses aglomerados, resultando em uma passagem do metano no estado sólido para o estado gasoso, resultando em uma brutal expansão, o que dificulta o seu uso comercial.

A estrutura de zircônias formadas há 4,4 bilhões atrás forneceu uma evidência sobre a natureza da atmosfera do Hadeano.[44] A fugacidade do oxigênio de material fundido era semelhante ao sistema fayalita-magnetita-quartzo, indicando uma característica oxidante do ambiente, adequada a uma atmosfera composta de H_2O, CO_2, SO_2 e N_2, ao invés de CH_4, H_2, H_2S, NH_3 e CO, característicos de uma atmosfera redutora. Um indicativo é o estado de oxidação de um metal raro, o cério, que pode ser encontrado na forma oxidada (Ce^{+4}) ou reduzida (Ce^{+3}). A presença da forma oxidada na zircônia indicou a característica oxidante do ambiente, uma evidência que a composição atmosférica seria semelhante a atual.

Uma atmosfera primitiva rica em hidrogênio?

Outra hipótese sobre a atmosfera primordial é a presença de grandes quantidades de hidrogênio· o que daria um potencial redutor ainda mais forte do que o metano e a amônia. A discussão sobre este ponto está muito longe do consenso.

Os defensores da tese da presença abundante de hidrogênio na atmosfera apontam que o planeta Terra teve em sua infância quantidades substanciais de Hidrogênio em sua atmosfera, que poderiam chegar a 40% da atmosfera, mantida por uma taxa de difusão do Hidrogênio 30% maior que o escape de Hidrogênio da atmosfera. Sendo assim, a síntese abiótica de compostos orgânicos pré-bióticos nessa atmosfera teria sido mais eficiente do que as hipóteses de origem exógena ou em sistemas hidrotérmicos.

A distribuição da velocidade para diferentes gases segue a lei de Boltzmann, mostrada na figura abaixo, e mostra que hélio e hidrogênio são os gases com maior proporção de moléculas em velocidades altas, suficientes para escapar da atmosfera, enquanto água, nitrogênio e oxigênio a distribuição de velocidade mostra uma ínfima proporção de moléculas com velocidades altas.

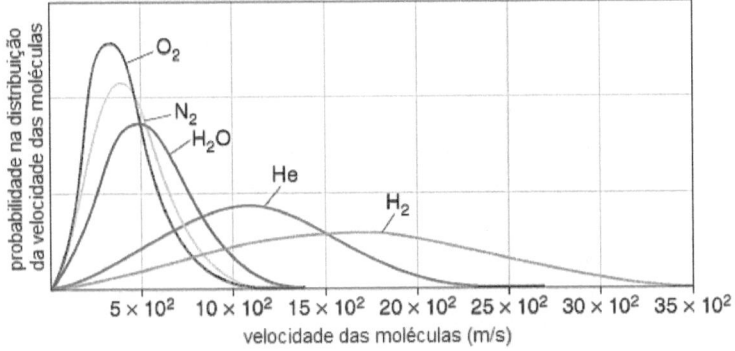

*Figura 13: **distribuição de velocidades de gases***

O campo gravitacional da Terra não é suficiente para manter o hidrogênio na atmosfera, quando comparado aos planetas gigantes, cuja atmosfera é composta principalmente de hidrogênio. As temperaturas elevadas nos primórdios da atmosfera elevariam a velocidade das moléculas dos gases, conforme o gráfico acima, e contribuiria ainda mais para o escape de hidrogênio.

A hipótese[45] é que escape de hidrogênio da atmosfera primitiva da Terra foi provavelmente duas ordens de grandeza menor do que os cientistas acreditavam anteriormente. Esta taxa de escape mais baixa baseia-se em parte em novas estimativas das temperaturas, no passado, na atmosfera superior terrestre, em torno de 8.000 km de altitude, no limite com o ambiente espacial.

Embora cálculos anteriores supusessem que a temperatura no topo da atmosfera fosse bem acima de 830°C há alguns bilhões de anos, os novos modelos matemáticos indicam que as temperaturas então deveriam ser duas vezes menores. Apesar de maiores níveis de radiação ultravioleta proveniente do Sol na infância da Terra, a taxa de escape de hidrogênio teria permanecido baixa e o escape de Hidrogênio teria sido balanceado pelo hidrogênio produzido pela atividade vulcânica há alguns bilhões de anos, tornando-o um componente importante da atmosfera.

Neste novo cenário a atmosfera com predominância de Hidrogênio e CO_2 que leva à produção de moléculas orgânicas, e seria uma alternativa ao uso de amônia no experimento de Miller. A reação entre ambos forma é conhecida como reação de Sabatier e libera metano, água e energia. Esta reação requer temperaturas em torno de 300-400° C para iniciar, e depois se mantém pelo grande calor gerado.

$$CO_2 + 4H_2 \longrightarrow CH_4 + 2H_2O + energia \quad \Delta H = -39\ kcal/mol$$

Uma outra reação possível é a formação de monóxido de carbono,[46] através de uma redução parcial pelo hidrogênio.

$$CO_2 + H_2 \longrightarrow CO + H_2O$$

A amônia seria formada pela redução química do N_2 atmosférico, pela reação de Haber-Bosch, que ocorre sobre ferro metálico em temperaturas de 400°C.

$$N_2 + 3H_2 \underset{Fe}{\longrightarrow} 2NH_3$$

Esta tentativa de renascimento das atmosferas redutoras formadas por hidrogênio apresenta sérias contradições. Não existem evidências da presença de quantidades significativas de emanação de hidrogênio em vulcões, sendo que os principais gases emitidos são CO_2, H_2S e SO_2 e não existem evidências que o hidrogênio tenha sido um componente importante na atmosfera primitiva pelo estado de oxidação dos metais datados destas épocas, e um processo de formação da Terra a partir da agregação de matéria não seria suficiente para atrair o hidrogênio para a sua atmosfera, que seria capturado por massas maiores como Júpiter e Saturno.

A presença de hidrogênio na atmosfera tem consequências problemáticas sobre as biomoléculas, porque levaria à redução de qualquer molécula orgânica com ligações duplas carbono-carbono: ácidos graxos insaturados, carotenos, retinol seriam consumidos pelo hidrogênio, assim como os componentes da membrana celular de Archaea, baseada na síntese isoprênica, IPP e DMAPP (isopentenilpirofosfato e dimetilalilpirofosfato), que passam por compostos com ligações duplas.

A fonte atual de átomos de hidrogênio dos compostos orgânicos é a água, através das reações que envolvem a transferência de hidrogênio da água para o dióxido de carbono, resultando em carboidratos e oxigênio.

CO_2

O dióxido de carbono é a forma de entrada e saída do carbono dos ciclos vitais. O carbono entra pela fotossíntese e sai através da respiração celular. A fotossíntese consiste na redução do carbono do CO_2 para carboidratos, usando a energia capturada a partir do sol, utilizada na oxidação do oxigênio da água, resultando na transferência dos hidrogênios para o carbono, tendo como intermediário o NADH (nicotinamida adenosina dinucleotídio hidrogenado).

A concentração de CO_2 da atmosfera é de cerca de 0,035 % (350 partes por milhão), e encontra-se em equilíbrio com as formas dissolvidas nas águas marítimas: $CO_{2\ (aq.)}$, HCO_3^- e CO_3^{2-}. O H_2CO_3 está em quantidades menores do que 0,3 % do $CO_{2\ (aq.)}$. Os equilíbrios químicos para os processos químicos do dióxido de carbono em água estão mostrados abaixo:

$$CO_{2\ (g)} \underset{}{\overset{K_0}{\rightleftharpoons}} CO_{2\ (aq.)}$$

$$CO_2 + H_2O \underset{}{\overset{K_1}{\rightleftharpoons}} HCO_3^- + H_3O^+$$

$$HCO_3^- + H_2O \underset{}{\overset{K_2}{\rightleftharpoons}} CO_3^{2-} + H_3O^+$$

onde K_o é o coeficiente de solubilidade do CO_2, dependente da salinidade e da temperatura da água[47,48] do mar e K_1 e K_2 são as constantes de acidez do ácido carbônico (H_2CO_3) e do bicarbonato (HCO_3^-). O valor de pK_1 e pK_2 são 5,94 e 9,13 a 15° C e salinidade= 37 a 1 atm[49], o que mostra que a pH = 8,2 a principal forma de carbono é o HCO_3^-.

A dissociação do ácido carbônico deixa a água pura em contato com o ar levemente ácida, com pH em torno de 5,8. O equilíbrio da reação é atingido lentamente, com constante de velocidade k_1= 0,039 s^{-1} para a reação direta e k_{-1}=23 s^{-1} para a reação inversa.

O aumento de dióxido de carbono antropogênico é apontada como responsável pela acidificação dos oceanos, e medidas de pH mostraram uma variação de 8,2 do início da Revolução Industrial para 8,1. A escala de pH é logarítmica, assim essa variação corresponde a um aumento de 30 % na $[H_3O^+]$ e o aumento de CO_2 na atmosfera poderia tornar os oceanos ainda mais ácidos. A proposta de um oceano primordial mais ácido tem conexão com uma concentração de dióxido de carbono maior do que a atual na atmosfera.

$$CO_2 + H_2O \longrightarrow H_2CO_3$$

$$H_2CO_3 + H_2O \longrightarrow HCO_3^- + H_3O^+$$

$$CO_3^{2-} + H_3O^+ \longrightarrow HCO_3^- + H_2O$$

reação total $\quad CO_2 + CO_3^{2-} \longrightarrow 2\ HCO_3^-$

O aumento do CO_2 pode ser benéfico para algas fotossintéticas, mas é destrutivo para espécies com carapaças como ostras, corais, mariscos e o plâncton calcário, como os foraminíferos, seres unicelulares com uma concha (ou teca) que pode ser calcária. A concha de foraminíferos em profundidades maiores do que 4500 m é proteica, uma vez que nestas profundidades, o carbonato de cálcio encontra-se dissolvido na água pela pressão da coluna de água.

Em locais com variações de acidez sazonais devido à atividade humana, como na costa Oeste dos Estados Unidos, o aumento de acidez tem tornado impraticável o cultivo de ostras[50] pela solubilização do carbonato de cálcio de conchas, que forma bicarbonato muito mais solúvel em pH mais baixos.

Água

A água é o solvente presente nas células e tecidos, permitindo a difusão de íons e moléculas para que ocorram as reações químicas e os diversos aspectos físicos e químicos da água contribuem para a existência da vida, moldando o clima para temperaturas mais amenas, e por isso a busca pela vida em outros planetas é associada à presença da água.

A molécula da água é curva, com ângulos HOH de 104,5° e o átomo de oxigênio tem dois pares de elétrons não-ligantes. Esta conformação permite que uma molécula de água interaja com quatro moléculas de água vizinhas através de ligações (ou pontes) de hidrogênio.

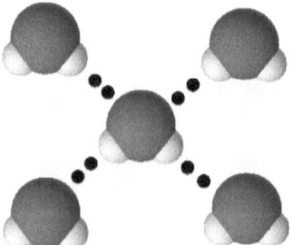

Figura 14: a molécula no centro faz quatro ligações de hidrogênio

A força da ligação de hidrogênio vem da atração entre as cargas positivas parciais dos átomos de hidrogênio com os pares de elétrons do átomo de oxigênio, e sua energia é de aproximadamente 5 kcal/mol, ou seja, uma molécula de água é estabilizada em até 20 kcal/mol pelas quatro ligações de hidrogênio que ela pode participar.

Em meio líquido, as moléculas apresentam o movimento de translação pela fase líquida, o que resulta na perda de ligações de hidrogênio com o movimento, seguida pela formação de novas. Calcula-se que cada molécula de água faça 3,5 ligações de hidrogênio, como resultado desta renovação das ligações de hidrogênio com o movimento. O ponto de ebulição e fusão da água situam-se fora do padrão para os hidretos da família 16, conforme o gráfico abaixo. O resultado é que a água permanece no estado líquido, enquanto as moléculas de mesma massa e maior estão em fase gasosa.

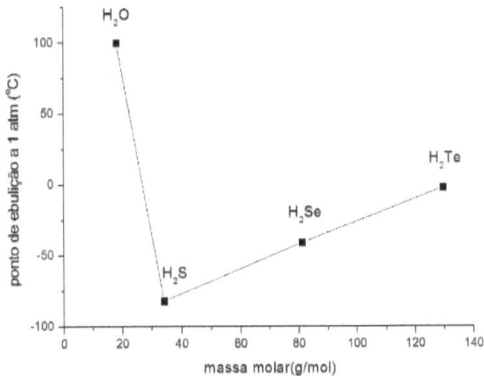

*Figura 15: **pontos de ebulição dos hidretos da família 16 da tabela periódica***

Outra propriedade importante que tem atuação global é única para a água: a sua forma sólida (gelo) apresenta menor densidade do que a forma líquida. As consequências são a formação das calotas polares e o congelamento superficial dos rios. O gelo atua como isolante e a temperatura abaixo da superfície permanece líquida, o que permite a manutenção de uma vida durante a estação fria, até que chegue a primavera e o degelo.

Figura 16: fotografia de lago congelado

Atualmente os oceanos ocupam 75 % da superfície terrestre, e se a Terra fosse plana, a quantidade de água é suficiente para cobrir todo o planeta com uma lâmina de 2,5 km. Os oceanos atuam como reguladores da temperatura global, pela alta capacidade calorífica da água (c_p = 1,0 cal g/°C). A água funciona como uma esponja de calor, absorvendo durante o dia e liberando à noite, mantendo a temperatura em um intervalo restrito de temperatura, assim, ambientes com pouca água apresentam oscilações maiores de temperatura e as formas de vida são reduzidas e extremamente adaptadas.

Nos seres vivos a água funciona como solvente e exerce este mesmo efeito na manutenção da temperatura corpórea. As reações químicas que levam à síntese de moléculas orgânicas complexas normalmente ocorrem com a saída de moléculas de água (síntese de peptídios, síntese de ciclos com nitrogênio, síntese de lipídios). De forma contrária, a quebra das ligações químicas dessas mesmas moléculas promovida pela água resulta na separação das unidades.

Esta classe de reações é chamada de hidrólise, que significa "quebra pela água", e são importantes para a reutilização de aminoácidos, nucleotídios e para a liberação da glicose para o metabolismo a partir de políssacarídios.

DNA , RNA ⟶ nucleotídios

amilose → glicose

Oceanos

A maior parte das teorias sobre as moléculas da vida consideram que sua origem esteja no mar, onde estaria a salvo das radiações solares antes que a camada de ozônio tenha se formado. A distribuição de água ao longo das eras sobre a superfície da Terra é um assunto que não está esclarecido. Uma superfície muito quente vaporizaria toda a água e os ventos solares soprariam esta umidade para fora do planeta. Por esta razão, muitos cientistas acreditam que a água veio depois que a Terra esfriou, através de cheques com cometas e outros corpos com gelo. Entretanto, as evidências obtidas a partir da análise de rochas indicam a presença de água desde o início.[51]

O oxigênio e hidrogênio são os principais elementos componentes dos oceanos, seguido pelos íons que compõem o sal (NaCl) e outros íons. A porcentagem de carbono é baixa, e sua principal forma é o carbonato, cuja concentração é limitada pela baixa solubilidade dos carbonatos de cálcio e magnésio. São esses carbonatos que atuam como tampão básico, mantendo o pH alcalino dos oceanos.

Tabela 2: proporção atual de átomos presentes nos oceanos

Elemento	Proporção (em massa)
Oxigênio	85,84%
Hidrogênio	10,82%
Cloro	1,94%
Sódio	1,08%
Magnésio	0,1292%

Enxofre	0,091%
Cálcio	0,04%
Potássio	0,04%
Bromo	0,0067%
Carbono	0,0028%

Existem questionamentos sobre a variação na composição dos elementos no mar com o tempo. Uma linha de raciocínio proposta por da Silva e Williams,[52] propõe que as formas de vida que surgiram no mar utilizaram os metais de acordo com a abundância. Em um ambiente anóxico e dominado por sulfetos, seriam mais abundantes Ni, Co e Fe, enquanto Cu e Zn seriam escassos pela menor solubilidade dos respectivos sulfetos, o que levaria à sua precipitação no fundo dos oceanos.

Atualmente os níveis de ferro no mar são extremamente baixos, de 0,0034%, que não pode ser creditado à abundância na crosta terrestre, mas à baixa solubilidade dos óxidos e hidróxidos de ferro em pH alcalino do oceano. A limitação na proliferação da vida marinha é atribuída à limitação de ferro para os metabolismos. Alguns pesquisadores acreditam que os níveis de ferro eram maiores nos oceanos primordiais, porém o estado de oxidação do ferro seria o +2 (ferroso), enquanto o estado de oxidação na maior parte dos óxidos e hidróxidos é o +3 (férrico). A transformação para uma atmosfera oxigenada oxidaria o ferro (II) a ferro (III), levando à sua precipitação, assim como cobalto e níquel e aumentaria cobre e zinco, pela solubilização dos seus sulfetos.

O argumento inicial que o oceano seria rico em sulfeto é inconsistente com a presença de Fe^{2+}, o que levaria à precipitação de pirita (FeS_2) no fundo do oceano. Foi sugerido um modelo de transição para o Proterozóico (2,5-0,5 Bilhões de anos atrás), em que a oxigenação dos mares por bactérias fotoautótrofas (cianobactérias) na superfície da água teria levado milhões de anos para ocorrer.[53] Enquanto a superfície da água seria rica em oxigênio, as águas profundas seriam ricas em sulfetos, com um equilíbrio entre o ferro (II) e o hidrogenosulfeto (HS^-).

Contudo, as rochas metamorfizadas atribuídas a esta idade apresentam bandas de ferro na forma de óxidos (ex: Fe_2O_3 e Fe_3O_4) e não na forma de sulfetos (ex: FeS e FeS_2).

Se houvesse Fe(II) e sulfetos em abundância nos mares, de acordo com a maior parte das publicações, implicaria na precipitação de sulfetos ferrosos, especialmente pirita (FeS_2), que é uma forma insolúvel de Fe(II). Esta é uma evidência contrária à presença de grandes quantidades de sulfetos nos mares

A maioria dos pesquisadores considera que o oceano seria menos básico do que atualmente, com pH próximo a 7,5[54] ao invés do atual 8,2, o que acrescenta um paradoxo teórico, pela presença do sulfato na água marinha. As publicações da área consideram que o sulfato estaria inicialmente na forma de ácido sulfídrico, liberado pela atividade vulcânica ou por fontes hidrotermais. Este H_2S é utilizado por diversos seres do reino

Archaea para a obtenção de energia, através da oxidação para sulfato. A oxidação para sulfato teria alterado a química dos oceanos, liberando metais como zinco e cobre para serem utilizados pelos seres vivos.

Contudo a concentração de sulfato no mar é de $2,82.10^{-2}$ mol/kg de água, e se ele fosse originário do sulfeto, este deveria estar nesta mesma quantidade.

A influência desta modificação sobre a acidez da água do mar seria enorme. Enquanto o sulfeto de hidrogênio é um ácido fraco, o ácido sulfúrico é um ácido forte, que libera 2 H^+. Considere a equação de oxidação do H_2S:

$$H_2S \xrightarrow{\text{oxidação}} H_2SO_4 \longrightarrow SO_4^{2-} + 2\ H^+$$

Assim a quantidade de H^+ gerada nesta reação seria suficiente para o completo esgotamento das formas básicas do mar: CO_3^{2-} e HCO_3^-, e o pH seria em torno de 1,3 unidades, excepcionalmente ácido.

Além da oxidação do sulfato, a oxidação de Fe^{2+} para Fe^{3+}, também diminuiria o pH do mar em algumas unidades, porque hexaaquaferro (II) $[Fe(H_2O)_6]^{2+}$ tem pH em torno de 9,3, enquanto o pK_a do hexaaquaferro (III), $[Fe(H_2O)_6]^{3+}$ é 2,4, ou seja, cerca de 10 milhões de vezes mais ácido.

Muitos pesquisadores consideram que as formações do tipo BIF foram formadas pela oxidação do Fe(II) para Fe(III), porém o resultado seria uma forte acidificação do mar. Ou seja, o caráter básico do mar é uma evidência para refutar este mecanismo de formação de BIF, via oxidação do Fe(II), deposição de óxidos e hidróxidos de Fe(OOO) no fundo do mar e metamorfização dos depósitos resultantes.

Em resumo, embora os artigos considerem que o pH do mar inicial seria mais ácido do que o atual, quando um simples cálculo demonstra que a transformação do sulfeto em sulfato em conjunto com a oxidação do ferro, seriam suficientes para acidificar todo o mar. A conclusão é que existe um grande erro nas premissas sobre a acidez inicial do mar e sobre a oxidação de sulfeto a sulfato. Outro argumento contrário ao pH ácido dos oceanos é o registro de organismos com carapaça carbonácea nestas condições, que não ocorreria em pH mais baixo.

Crosta terrestre

A formação da Terra como um planeta rochoso teria ocorrido por acreção de rochas em um processo que perdurou por 50 a 100 milhões de anos. Ao fim desse processo, um planeta em formação, do tamanho de Marte colidiu e parte do manto rochoso foi ejetado e formou a Lua, enquanto o núcleo metálico formou a Terra. Esse impacto teria levado à fusão do planeta e conforme a Terra solidificou, uma camada basáltica superior se formou. Esta crosta primária não permaneceu, e provavelmente afundou e as evidências seriam as raras zircônias resistentes à erosão, incrustadas no granito mais recente. As zircônias mais antigas encontradas em rochas sedimentares da Austrália são datadas de 4,3 bilhões de anos atrás.[55]

As rochas mais antigas teriam se formado há cerca de 4 bilhões de anos atrás, e atualmente estão na região de Acasta,[56] e Nuvvuagittuk,[57] no Canadá, em Isua, na Groenlândia, porém a rocha mais antiga na Terra veio da Lua, datada de 4,46 bilhões de anos atrás.[58]

A composição da parte superior da crosta terrestre se assemelha a granodiorita, uma rocha ígnea, consitutuída principalmente de quartzo claro e feldspato e um pouco de outros minerais mais escuros. Abaixo da crosta, cerca de 10 – 15 km, as rochas basálticas são mais comuns.

A baixa densidade da rocha granítica, rica em silício, alumínio e potássio é a razão que os continentes não submergem. Enquanto a crosta sobe uma média de 125 m acima do nível do mar e cerca de 15 % da área continental se eleva acima de 2000 m. Estas elevações contrastam com a profundidade do fundo dos oceanos, que têm uma média de 4000 m de profundidade, uma consequência da sua composição, principalmente basalto rico em ferro e magnésio, com uma fina camada de sedimentos.

Na base da crosta existe a chamada descontinuidade de Mohorovivic, que marca uma mudança de uma rocha extremamente densa composta do mineral olivina, abaixo de oceanos e continentes.

Há 250 milhões de anos atrás, teria ocorrido a formação de uma enorme massa, chamada Pangea, que se desmembrou em dois continentes, Gondwana, que teria originado a América do Sul, África, Austrália e Índia e Laurásia, correspondendo à América do Norte, Europa e Ásia. A comparação de fósseis encontrados na África e no Brasil teria levado à conclusão de que as mesmas espécies de animais habitavam as regiões.

Elementos

O átomo é a menor parte da matéria que pode ser obtida por meios químicos e de acordo com o número de prótons no núcleo (Z), os átomos apresentam propriedades químicas idênticas e são agrupados nos elementos.

As espécies químicas que fazem parte dos processos vitais em algum momento foram capturadas do ambiente, constituindo as moléculas e íons presentes nos seres vivos. Alguns destes elementos apresentam aspectos químicos interessantes para o nosso estudo. Os elementos são ordenados na tabela periódica de acordo com a semelhança entre as propriedades físicas e químicas.

Tabela 3: elementos mais comuns no Universo e % em átomos no Universo, Sol e Terra.

Z	Símbolo	Elemento	Universo	**Sol**	**Terra**

1	H	Hidrogênio	92 %	94 %	0,2 %
2	He	Hélio	7,1%	6 %	
8	O	Oxigênio	0,1 %	0,06 %	48,8 %
6	C	Carbono	0,06 %	0,04 %	0,02 %
10	Ne	Neônio	0,012 %	0,004 %	
7	N	Nitrogênio	0,015 %	0,007 %	0,004 %
14	Si	Silicone	0,005 %	0,005 %	13,8 %
12	Mg	Magnésio	0,005 %	0,004 %	16,5 %
26	Fe	Ferro	0,004 %	0,003 %	14,3 %
16	S	Enxofre	0,002 %	0,001 %	3,7 %

Carbono

O carbono é o elemento central para a construção das moléculas da vida, contudo está longe de ser o mais abundante no universo ou na crosta terrestre. Estes postos pertencem ao oxigênio, seguido pelo magnésio, ferro e silício.

Carbono e silício fazem parte da mesma família e apresentam propriedades químicas semelhantes: entre elas a formação de cadeias com átomos em sequência. A diferença está na reatividade frente a oxigênio. Enquanto as cadeias formadas por ligações carbono-carbono são cineticamente estáveis, as cadeias com ligações silício-silício não são.

Tabela 4: entalpias de dissociação de ligações químicas formadas pelo carbono e silício

Ligação química	$\Delta H_{diss.}$ (kJ/mol)	Ligação química	$\Delta H_{diss.}$ (kJ/mol)
C-C	347	Si-Si	226
C-H	413	Si-H	318
C-O	358	Si-O	466

O estado de oxidação do carbono é meramente formal. Diferente de metais como o ferro, cujos estados de oxidação mais comuns 0, +2 e +3 mostram a carga sobre o metal, o carbono não apresenta uma carga real de acordo com a oxidação, porque as suas ligações são covalentes, ou seja, ocorrem por um compartilhamento de elétrons.

As ligações C-H, C-C, C-O e C=O significam uma contribuição de -1, 0, +1 e +2 para o estado de oxidação, mas a carga sobre o carbono varia menos do que estes valores.

A presença de moléculas orgânicas não é uma exclusividade da Terra. Em 2013, foi detectada a presença de clorobenzeno e dicloroalcanos liberados a partir de rochas do solo de Marte.[59] por espectrometria de massas acopladas a cromatografia gasosa. O material foi aquecido a 875° C e os compostos orgânicos voláteis são analisados, separados em uma coluna capilar e submetidos a um feixe de elétrons, o que quebra a molécula em diferentes pedaços. A quantidade relativa dos pedaços é uma assinatura molecular, e a comparação com um banco de dados permite sua identificação.

Isótopos de carbono

O carbono apresenta três isótopos importantes: o carbono 12 (C^{12}), com 6 prótons e 6 nêutrons, o carbono 13 (C^{13}), com 6 prótons e 7 nêutrons e o carbono 14 (C^{14}), com 6 prótons e 8 nêutrons no núcleo atômico. A proporção entre os isótopos C^{12}: C^{13} na crosta terrestre é de 99:1, enquanto o C^{14} é radioativo, com tempo de meia-vida de 5.730 anos.

O C^{14} é produzido através do bombardeamento do N^{14} na estratosfera por nêutrons de alta energia proveniente do sol, que transforma uma pequena quantidade em C^{14}, que é incorporado no ciclo do carbono e passa a fazer parte do metabolismo.

$$_7N^{14} + n^1 \rightarrow {}_6C^{14} + {}_1H^1$$

Quando o organismo morre, para de absorver carbono e a medida da quantidade relativa de C^{14} comparada com uma amostra atual permite determinar o tempo que se passou. A técnica é aplicável à madeira, carbono, sedimentos orgânicos, ossos e conchas marinhas.

O carbono C^{14} tem sido utilizado para a datação de materiais relativamente recentes, até 70 mil anos de idade. Acima desse tempo, a quantidade de carbono presente na amostra é muito pequena e a incerteza na medida torna esta técnica impraticável.

Qual a forma que o carbono estaria no início?

Atualmente o carbono é encontrado nos mais diferentes estados de oxidação, iniciando no CO_2 e carbonatos, passando por ácidos orgânicos, açúcares, lipídios até o CH_4. A maior parte do carbono está na forma mineral, na forma de carbonatos sedimentares, ou como querogênio, que é a parte insolúvel da matéria orgânica modificada por ações geológicas. A distribuição do carbono na crosta terrestre está mostrada na seguinte tabela

Tabela 5: principais depósitos de carbono do planeta. [60]

Fonte	Quantidade (gigatons)
atmosfera	720
Oceanos (total)	38.400
Inorgânicos totais	*37.400*
Orgânicos totais	1.000
Camada superficial	670
Camadas profundas	36.730
Litosfera	
Carbonatos sedimentares	> 60.000.000
Querogênio	15.000.000
Biosfera terrestre (total)	*2.000*

Biomassa viva	600 – 1.000
Biomassa morta	1.200
Biosfera aquática	1 - 2
Combustíveis fósseis (total)	*4.130*
Carvão	3.510
Petróleo	230
Gás	140
Outros (turfa)	250

Essa diversidade é resultado dos seres vivos sobre o carbono, pela utilização da energia da luz solar e água para reduzir o carbono, enquanto as reações com oxigênio levam aos estados mais oxidados.

Todo o planeta fervilha de vida, e não existe uma amostra da atmosfera primordial que seja um testemunho das condições atmosféricas, que permita afirmar sobre a composição da atmosfera ao longo das eras. O que existe são evidências indiretas relacionadas aos minerais, a flora e a fauna dos registros fósseis. Além disso, a necessidade de reagentes específicos para a síntese de biomoléculas tem sido utilizada para postular que o carbono estivesse presente em formas distintas daquelas encontradas atualmente. Por exemplo, a síntese das nucleobases requer a presença de cianeto de hidrogênio, e por isso também se considerou sua presença na atmosfera.

Da mesma forma, a síntese abiótica de açúcares é apontada como uma evidência para a presença de formaldeído, porque a única proposta é a reação da formose, em que unidades de formaldeído são adicionadas em meio básico, e cada reação de adição aumenta um carbono na cadeia do açúcar. Esta proposição não passa por uma análise correta utilizando o conhecimento da estabilidade molecular, e soa como uma falta de honestidade científica.

As considerações termodinâmicas relativas às formas hidrogenadas de carbono mostram que a combustão do formaldeído libera mais calor por ligação C-H na série de moléculas com um carbono: metano (CH_4), metanol (CH_3OH), formaldeído ($H_2C=O$), ácido fórmico (HCOOH) e dióxido de carbono (CO_2), conforme a tabela a seguir.

Tabela 6: valores de entalpia de formação, entalpia de combustão e calor liberado por ligação para oxidação para compostos simples de carbono. Fonte NIST

	ΔH°_f (kJ/mol)	ΔH°_c (kJ/mol)	C-H para C-O	Calor liberado por ligação C-H oxidada (kJ/mol)
metano	-74,6	-890,7	4	-222,7

metanol	-238,4	-725,7	3	-241,9
formaldeído	-115,9	-570,8	2	-285,4
Ácido fórmico	-425,1	-253,8	1	-253,8
CO_2	-393,5	0	0	0

A energia de combustão do formaldeído por ligação C-H evidencia a sua relativa instabilidade frente a uma atmosfera oxidativa. A conclusão é que o formaldeído é de longe, a molécula de um carbono menos estável entre todas as formas de um carbono.

A instabilidade do formaldeído traz consequências sobre as reações entre estes compostos. Por exemplo, uma reação hipotética de síntese do formaldeído a partir de metano e dióxido de carbono, mostrada a seguir, é desfavorecida energeticamente.

$$CH_4 \; + \; CO_2 \longrightarrow 2\, H_2C{=}O$$

metano dióxido de carbono   formaldeído

Um cálculo simples usando os valores de entalpias de formação mostra que a reação acima é fortemente endotérmica em aproximadamente 236 kJ/mol. Considerando que a variação de energia livre deve ser próxima à entalpia, podemos concluir que essa reação não é espontânea, e que a reação inversa, ou seja, a formação de metano e dióxido de carbono a partir de formaldeído, é espontânea, e por isso os equilíbrios envolvendo monóxido de carbono, hidrogênio, metanol e formaldeído formam apenas traços de formaldeído, e mesmo estes casos apresentam dúvidas.[61] Em uma atmosfera com características redutoras deve prevalecer o metano, em características oxidantes prevalece o CO_2 e para uma atmosfera neutra deve ser formada uma mistura de CH_4 e CO_2, enquanto metanol e ácido fórmico são desfavorecidos e o formaldeído inexistente.

A reação de Cannizzaro é a desproporcionação do aldeído, formando o álcool e o carboxilato correspondentes em formados em meio básico. O equilíbrio favorece o álcool e o ácido, o que novamente comprova a menor estabilidade do aldeído.

formaldeído   metanol   formiato

Outra reação que consome o formaldeído é a hidratação, em que uma molécula de água reage com o formaldeído formando um acetal. As soluções concentradas de formaldeído formam sólidos com os produtos de oligomerização e polimerização deste acetal: o trioxano e o paraformaldeído.

Diversos pesquisadores postulam a existência de monóxido de carbono na atmosfera primitiva, que seria a fonte de formaldeído para a síntese de açúcares. O monóxido é um gás sem cor, sem cheiro tóxico para animais, porque combina fortemente com o ferro da hemoglobina no lugar do oxigênio, impedindo o seu transporte aos tecidos. Outros metais também se ligam fortemente ao monóxido de carbono, como níquel e cromo, o que levaria à sua rápida remoção da atmosfera, caso fosse formado.

Hidrogênio

O hidrogênio é o elemento mais comum no universo, e por isso poderia ser o mais abundante também na Terra, contudo esse lugar pertence ao oxigênio.

Nas estrelas, onde o hidrogênio é o combustível, ele se encontra como hidrogênio atômico.

Nos planetas externos – Júpiter, Saturno e Urano – o hidrogênio é o maior componente atmosférico, porém a gravidade terrestre não é forte para segurar o gás hidrogênio na atmosfera e o que mantém a sua presença na superfície terrestre são os seus compostos com o oxigênio e matéria orgânica, e por isso a presença de água desde o início é um requisito para a origem da vida. Algumas teorias afirmam que não existia água no início, assim esse hidrogênio deveria vir do metano ou resultado de um choque de um cometa gigante de gelo, porém as medidas da distribuição dos isótopos dos hidrogênios (deuterium e protium) da água na terra e em cometas são discrepantes, o que levou a considerar que a água estava presente desde o início. Considerando os metabolismos, a fonte de hidrogênio para a construção da glicose é a água.

$$6\ CO_2 + 6\ H_2O \longrightarrow C_6H_{12}O_6 + 6\ O_2$$

Esta reação não é natural. Se deixarmos CO_2 e água em contato, o que ocorre é a dissolução de uma pequena quantidade de CO_2 em água,[62] que reage parcialmente e forma ácido carbônico de acordo com a equação:

$$CO_2 + H_2O \longrightarrow H_2CO_3$$

O equilíbrio da reação favorece os reagentes, que são mais estáveis. A constante de equilíbrio relaciona as concentrações das espécies em equilíbrio, e foi definida como:

$$K_H = \frac{[H_2CO_3]}{[H_2O] \cdot [CO_2]} = 1,7 . 10^{-3}\ (\textit{água})\ e\ 1,2 . 10^{-3}\ (\textit{água do mar})$$

Reações de transferência de próton (H⁺) e hidreto (H⁻)

O hidrogênio está presente em quase todas as moléculas produzidas pelos seres vivos (uma importante exceção é o CO_2), e pode reagir na forma de H^+(próton), em que apenas o núcleo do hidrogênio é transferido. Neste tipo de reações, o par de elétrons da ligação fica para o átomo ao qual o próton estava ligado fica.

As reações do tipo ácido-base são o exemplo típico destas reações. Nos reagentes o hidrogênio estava ligado ao átomo X pela ligação X-H e após a transferência o hidrogênio liga-se ao átomo Y pela ligação Y-H.

$$X-H \ + \ Y \ \rightleftharpoons \ Y^{+}-H \ + \ X^{-}$$

A transferência do próton gera uma diferença de cargas se os reagentes eram neutros, ou neutraliza as cargas olhando pela reação inversa. A transferência do próton pode levar a uma transferência da carga positiva.

As reações ácido-base são de grande importância para os sistemas biológicos, porque enfraquecem ligações químicas que serão quebradas em uma etapa subsequente. A transferência de próton aumenta a energia das espécies, formando novas espécies intermediárias, mais reativas.

Assim, em vez de uma reação ocorrer com um grande aumento de energia de ativação, ocorre em passos menores, o que requer menores ganhos de energia em cada passo.

A hidrólise de amidas é um caso típico, em que a protonação da ligação C=O aumenta a carga positiva sobre o carbono e torna ele mais suscetível de reagir com o par eletrônico de uma molécula de água.

ácido carboxílico   amina   próton

A catálise promovida pelas enzimas tripsinas fazem uso desta propriedade química, além da estabilização de intermediários por interações eletrostáticas e ligações covalentes.

As reações em que o hidrogênio se comporta como H⁻ (hidreto), o hidrogênio traz consigo o par de elétrons da ligação que ele participava anteriormente. O resultado é uma redução de outra molécula. Os exemplos mais comuns são as reduções de ligações C=O pelo NAD-H (nicotinamida adenosina dinucleotídio), formando álcoois.

cetona   álcool

Oxigênio

Alguns elementos têm uma história química muito agitada, e o oxigênio é um destes, com grandes reviravoltas. O oxigênio forma compostos estáveis com quase todos os elementos da tabela periódica. Depois do flúor, é o elemento mais eletronegativo. Isto significa que em uma ligação química, o oxigênio atrai os elétrons da ligação para si, resultando na formação de um polo negativo sobre o oxigênio e um polo positivo sobre o outro átomo. Esta é a característica oxidante do oxigênio, em que os átomos ligados diretamente a ele adquirem um estado de oxidação positivo.

Todos os minerais mais abundantes na Terra (feldspato, quartzo, mica, piroxeno, mica, anfibólitos) apresentam oxigênio em sua estrutura, a água cobre 75 % da superfície do planeta e 88 % de sua massa corresponde ao oxigênio. O nível atual de oxigênio na atmosfera de 21 % corresponde a uma pressão da ordem de 2.10^4 Pa.

A presença de oxigênio na forma de O_2 na atmosfera traz consequências enormes sobre o planeta, porque dá o caráter oxidante à atmosfera e dirige os sistemas químicos para as formas combinadas com o oxigênio. Metais e semi-metais combinam com o oxigênio atmosférico e formam compostos em que os átomos de oxigênio funcionam como "pontes" entre um átomo e outro, criando redes cristalinas resistentes e pouco solúveis em água.

O silício forma estruturas poliméricas tetraédricas, chamadas de silicatos, o ferro forma uma grande diversidade de óxidos insolúveis como Fe_2O_3 e Fe_3O_4, com alguns átomos no estado de oxidação +2 e outros no estado +3 e o alumínio forma uma mistura de óxidos e hidróxidos que constituem a bauxita.

O ozônio (O_3) estratosférico (cerca de 40 km de altitude) é essencial para a vida como nós conhecemos, porque absorve a luz de $\lambda < 290$ nm, e como resultado a luz que chega à superfície é filtrada, assim apenas as moléculas que absorvem comprimentos de onda acima de 290 nm podem apresentar fotodissociação ou outros processos fotoquímicos. O ozônio é produzido pelo ciclo de Chapman, proposto por Sir Sydnei Chapman nos anos de 1930.

$$O_2 \xrightarrow{\text{luz u.v.}} 2\,O^{\cdot}$$

$$O_2 + O \longrightarrow O_3$$

O oxigênio atômico (O) é instável a baixas temperaturas, e a sua formação vem da fotólise (quebra por radiação) do oxigênio molecular (O_2). Apenas a luz que incide com comprimento de onda próximo a 243 nm é capaz de fornecer energia para quebrar a ligação do oxigênio (O_2) e consequente formação de ozônio. Este comprimento de onda coincide com a absorção da água, e por isso ocorrem em altitudes maiores em que a água não chega. O ozônio é formado a partir de 16 km de altitude e a camada de ozônio se estende até 30 km de altitude. Essa região é conhecida como "camada de ozônio", mas sua concentração é de cerca de 8 ppm, ou seja, a maior parte do oxigênio está na forma de O_2.

Em uma atmosfera sem oxigênio não ocorre a formação de ozônio e a superfície do planeta recebe a faixa de comprimento de onda capaz de excitar ligações simples e levar à sua ruptura. Por isso, se considera que o único local seguro para que ocorra o surgimento da vida a cerca de 4 bilhões de anos atrás seja o fundo do oceano.

Porém as moléculas orgânicas não se acumulariam em concentração necessária para formar agregados e os eventuais fosfolipídios formados se concentrariam na interface água-ar e não permaneceriam no fundo do mar.

Nitrogênio

Aparentemente, a obtenção de nitrogênio nunca seria um empecilho para o surgimento da vida, porque este elemento está disponível em grandes quantidades em forma pura na atmosfera. Contudo, a molécula de N_2 é muito estável, porque a ligação tripla entre os dois átomos de nitrogênio é muito forte, e por isso o N_2 é considerado um gás inerte.

A síntese de amônia (NH_3) para uso em fertilizantes é realizada na presença de hidrogênio a temperaturas de 500-600º C e pressões entre 200 e 400 atm, passando os gases em uma superfície de ferro metálico. Este processo, conhecido como reação de Haber-Bosch, já foi visto anteriormente e o seu desenvolvimento permitiu a síntese da amônia para uso em fertilizantes, o que suplantou o uso de guano (excremento de pássaros), importado do Chile.

$$N_2 + 3H_2 \xrightarrow{Fe} 2NH_3$$

Por isso, a presença de amônia é sempre considerada no conjunto das condições necessárias à síntese de aminoácidos e ácidos nucleicos. Sagan postulou a sua existência considerando que seria o único gás presente na atmosfera primordial que levasse à manutenção de uma temperatura adequada, e Miller utilizou grandes concentrações de amônia em seus experimentos.

Entretanto, a presença na atmosfera seria efêmera pela alta solubilidade de amônia em água (541 gramas por litro de água), ou seja, qualquer massa de água teria removido toda a amônia da atmosfera, e como se tem postulado que os oceanos primordiais teriam um pH mais ácido que o atual, a amônia estaria na forma do seu sal amônio (NH_4^+), atuando como tampão nos oceanos e inerte frente a reações químicas. Além disso, a amônia se liga a diferentes metais, formando complexos fortemente coloridos, que interferem na absorção da luz pelas algas.

A formação de amônia em fontes hidrotérmicas foi postulada por vários autores, considerando a redução de nitrito e nitrato até amônio (NH_4^+), por hidrogênio e ferro sistemas idênticos ao processo Haber. O ferro metálico seria originário de rochas contendo hidróxido ferroso, que seria oxidado à magnetita e esta reação forma pequenas quantidades de Fe^0.[63]

Nenhum destes mecanismos foi comprovado na redução de nitritos e nitrato, e inclusive as concentrações destes compostos na água do mar são baixas, e são as formas oxidadas de nitrogênio, lembrando que as hipóteses consideram que a atmosfera primitiva era reduzida ou neutra, ou seja, não devia haver formas oxidadas.

A quantidade de proposições especulativas como "pode ser" ou "existe a possibilidade que" em artigos dessa natureza, sem que haja uma comprovação experimental nesta área do conhecimento é muito maior do que em outras áreas da ciência.

Com base no conhecimento químico atual, a presença da amônia na atmosfera deve ser descartada, o que inviabiliza o experimento de Miller e de qualquer outro que utilize a amônia para a síntese de aminoácidos. A fixação biológica de nitrogênio ocorre através

da reação total

$$N_2 + 8H^+ + 8e^- \longrightarrow 2NH_3 + H_2$$

O nitrogênio do ar é fixado por bactérias do gênero *Rhizobium* utilizando 16 moléculas de ATP através de um "cluster"(agregado de íons metálicos) de ferro-molibdênio, chamado FeMoCo, uma abreviatura de ferro-molibdênio-cofator. As enzimas que operam a fixação são muito suscetíveis ao oxigênio, e por isso, a maioria das bactérias que fixam nitrogênio ocorrem apenas em condições anaeróbicas.

As bactérias que fixam nitrogênio atmosférico são chamadas de diazótrofas, e muitas operam de maneira simbiótica com plantas superiores. As bactérias do gênero Rhizobia estão associadas com legumes da família Fabaceae. O oxigênio é suprimido pela ligação com a enzima leghemoglobina nos nódulos das raízes que hospedam as bactérias. Cianobactérias que fixam nitrogênio estão associadas a fungos e líquens.

Enxofre

As propriedades químicas do enxofre e oxigênio são similares em muitos aspectos, pelo estado de oxidação -2 comum a ambos elementos. O enxofre é relativamente abundante, e compõe muitos minerais comuns, além disso, é liberado em emissões vulcânicas na forma de H_2S. Contudo, além do estado -2, o enxofre apresenta outros estados de oxidação comuns como o +2, +4 e +6 e pode ser oxidado até a formação de sulfatos, como a barita.

Figura 17: cristal de barita do Cerro Huarihuyn, Peru

Fósforo

O fósforo é um elemento pouco abundante na Terra, porém nos seres vivos exerce funções centrais no aproveitamento da energia química e na constituição dos ossos, mineralizado na forma de hidroxiapatita $Ca_{10}(PO_4)_6(OH)_2$.

A concentração de total de fósforo em *Saccharomyces cerevisae* foi determinada como

300 mmol/L,[64] principalmente na forma de polifosfato, enquanto a concentração de fosfato livre (PO_4^{3-}) variou entre 10 a 75 mmol/L.

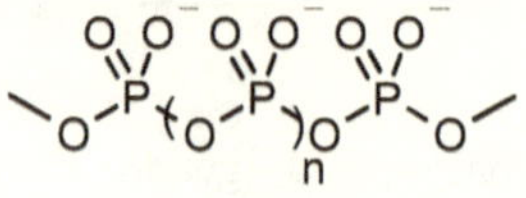

polifosfato

A função do ATP de ativar ligações químicas para a promoção das reações se deve às propriedades químicas dos ésteres fosfóricos. Estima-se em 250 g de ATP no organismo. O ATP é muitas vezes referido como uma moeda energética, utilizada para ativar outras reações que ocorrem no organismo, utilizando as reações acopladas para tornar uma reação que seria termodinamicamente desfavorável em uma reação favorável. O ATP pode ser clivado em dois pontos: o primeiro situa-se entre o segundo e terceiro fosfato e libera ADP e fosfato, enquanto o no segundo, ocorre a clivagem entre o primeiro e segundo fosfato, formando AMP e difosfato. O fosfato é constantemente reciclado para a síntese de ATP a partir do ADP e fosfato.

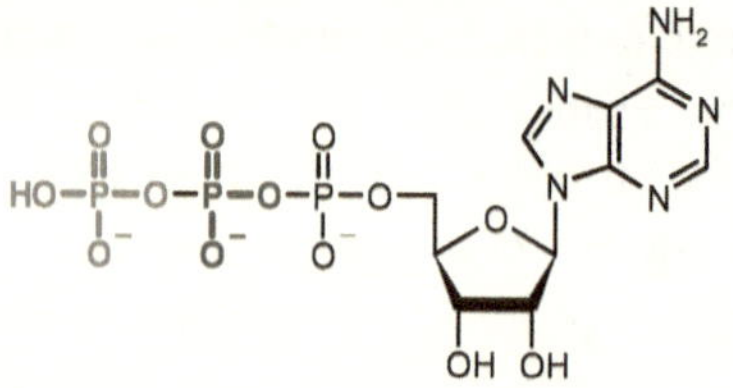

ATP

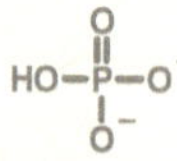

Pi

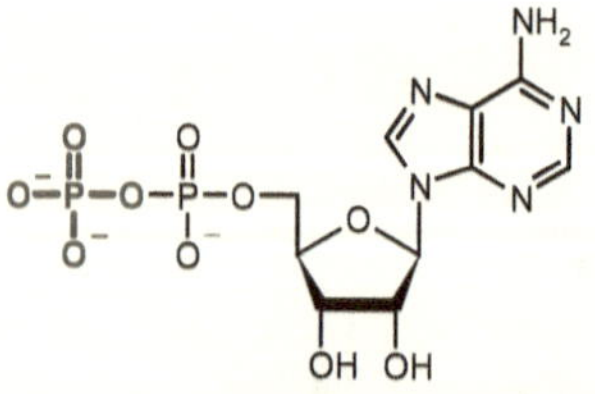

ADP

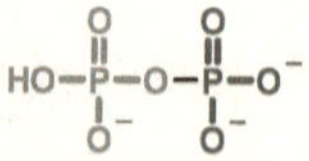

PPi

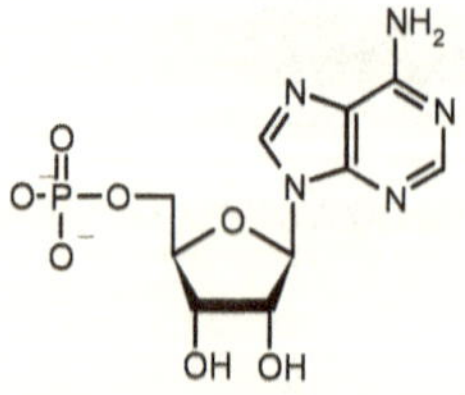

AMP

A energia livre disponível a partir de ambas as reações está mostrada a seguir

$$ATP + H_2O \longrightarrow ADP + Pi \qquad \Delta G° = -30,5 \text{ kJ/mol } (-7,3 \text{ kcal/mol})$$

$$ATP + H_2O \longrightarrow AMP + PPi \qquad \Delta G° = -45,6 \text{ kJ/mol } (-10,9 \text{ kcal/mol})$$

A presença de diferentes formas de fosfato no citosol requer uma regulação de outros íons que formam sais insolúveis como o próprio fosfato de cálcio. A concentração de cálcio no citosol é $[Ca^{2+}] < 0,0002$ mmol/L.

O fosfato e seus sais atuam como tampão no citosol, mantendo o pH em torno de 7,4.[65] O tampão do sangue é bicarbonato, cujos sais com cálcio são mais solúveis e a concentração de cálcio é maior ($[Ca^{2+}] = 1,8$ mmol/L).

Ferro

O ferro é o metal de transição mais abundante, e que exerce o maior número de funções nos seres vivos. O núcleo do planeta é formado por ferro no estado líquido e sólido, conforme a profundidade e sua relativa abundância no Universo vem da estabilidade do seu núcleo.

A nucleossíntese do ferro pode ocorrer no interior de estrelas de tamanho médio, como o Sol, enquanto núcleos mais pesados que o níquel requer energias compatíveis apenas com explosões de supernovas.

Cerca de 5,7% das observações de entrada de corpos celestes na Terra são de meteoritos com ferro, porém a massa destes meteoritos compõe cerca de 90 % dos meteoritos conhecidos, pela sua densidade e durabilidade. Os minerais mais comuns são ligas com níquel como a kamacita, com 90-95% de ferro e 5-10% de níquel e a taenita com a proporção de níquel entre 20-65 %.[66]

Embora seja o quarto elemento na ordem de abundância e o metal mais abundante, a sua biodisponibilidade é muito baixa, porque é encontrado na natureza na forma de óxidos e hidróxidos insolúveis. As concentrações de ferro na água marinha estão na ordem de 20-50 pM, que limitam a produção primária de fitoplâncton.

O ferro é encontrado na natureza nas formas de óxidos e hidróxidos e na forma de sulfetos. A hematita (Fe_2O_3), magnetita (Fe_3O_4) e a goethita ($FeOOH$) são as formas oxigenadas de ferro mais comuns. A pirita FeS_2 é um mineral bastante comum, e a sua formação é atribuída à reação de minerais de ferro com H_2S. O H_2S é um gás, porém a sua formação vem da redução de sulfato por bactérias que usam matéria orgânica dissolvida como agente redutor. O produto inicial é o monosulfato de ferro (FeS), que forma pirita em uma série de reações.

A bioquímica do ferro passa pelas reações de oxidação e redução. Os estados de oxidação estáveis são o Fe^{2+} (ferroso) e Fe^{3+} (férrico), porém em algumas reações chega ao estado +4 e até +5.

BIF

Rochas com camadas alternadas de minerais ricos em ferro, como magnetita (Fe_3O_4) e hematita (Fe_2O_3) e silicatos são chamadas de BIF (banded iron formations ou formações de ferro em bandas). A camada rica em ferro apresenta uma cor mais avermelhada, conforme a seguinte figura.

As primeiras formações de BIFs foram datadas em 3,7 bilhões de anos ou mais, o que deixaria pouco tempo para a criação e evolução dos primeiros seres que liberam O_2. As condições seriam desfavoráveis, com baixa incidência de luz solar de uma estrela jovem e uma atmosfera extremamente densa.

A hipótese mais aceita para a formação de BIFs é a oxidação do Fe^{2+} para Fe^{3+} causada pelo aumento da proporção de oxigênio na atmosfera gerado pela fotossíntese das primeiras cianofíceas (algas azuis). Os óxidos e hidróxidos de Fe^{3+} são insolúveis nas águas oceânicas, que precipitam no fundo do mar e a metamorfização deste material em temperaturas menores que 500° C resultaria na compactação do material e formação de rochas.

Figura 18: rochas do tipo BIF em Fortscue Falls, Austrália; por Graeme Churchard

Com isso, o oxigênio seria capturado pelo Fe^{2+}, o que impediria o seu acúmulo na atmosfera. Após todo o ferro ser oxidado, o oxigênio oxidaria o metano, resultando na diminuição do efeito estufa e congelamento do planeta, e somente depois destes eventos iniciaria o GOE.

Entretanto, esta é uma leitura parcial relacionada aos BIFs, que vai além da evidência, e extrapola as conclusões. De fato, não existe nenhum experimento que suporte esta ideia. Este experimento deveria estudar a oxidação do ferro por oxigênio liberado por algas em uma atmosfera anóxica (sem oxigênio).

Provavelmente haveria sérios problemas com a sobrevivência das algas, uma vez que o Fe^{+2} absorve no mesmo comprimento de onda de luz do que as algas azuis, competindo com elas pela luz.

A formação de BIFs revela que havia óxidos e hidróxidos de Fe^{3+} disponíveis em sedimentos para a formação das rochas metamórficas, e que o pH do meio era maior do que 5,0. Abaixo deste valor de pH o Fe^{3+} permanece em solução. A existência de ferro no estado de oxidação +3 abre duas hipóteses:

a) o ferro já se encontrava neste estado de oxidação;

b) foi oxidado por algum agente, que pode ser o oxigênio presente na atmosfera para promover a oxidação ou diretamente oxidado por bactérias.

Antes de definir qual hipótese é mais provável, é importante entender a conexão entre a presença de ferro no estado +3 com os experimentos de Urey-Miller: a presença de oxigênio na atmosfera. Todas as tentativas de síntese de biomoléculas utilizando o aparato de Miller com oxigênio no sistema levara à completa oxidação da matéria orgânica, e por isso o oxigênio foi excluído da atmosfera primordial. A presença de óxidos de ferro em estado de oxidação +3 seria uma evidência da presença de oxigênio na atmosfera, e para contornar a incompatibilidade com o experimento de Miller, o oxigênio teria que ser formado por seres vivos, e não poderia existir na atmosfera.

Porém alguns estudos de camadas profundas da crosta terrestre abriram a possibilidade de que o ferro estivesse no estado de oxidação +3, corroborado por medidas de elasticidade[67] do manto apontam para a existência de minerais ricos em Fe^{+3} até 1.200 km de profundidade. Desta forma, não seria necessário o contorcionismo teórico envolvendo a formação de BIFs, a presença de oxigênio e o experimento de Urey-Miller.

A outra hipótese é a oxidação do ferro por outros meios. A fotólise da água é uma forma alternativa para a geração de O_2 para oxidar Fe^{2+} para Fe^{3+}, e inclusive Miller reporta a oxidação de ferro em um dos experimentos de síntese abiótica na presença de sulfato ferroso.[68]

A oxidação a Fe^{3+} tem sido relatada em minerais serpentinas e formando magnetita,[69] relacionadas novamente à redução da água e formação de H_2, em um processo chamado serpentinização, que poderia reduzir CO_2 a CH_4.

$$3\,FeO + H_2O \longrightarrow Fe_3O_4 + H_2$$

Outro mecanismo possível para a deposição de hidróxido de ferro que não requer o acúmulo de oxigênio na atmosfera é a liberação de Fe^{3+} em regiões de falhas geológicas. O íon férrico é solúvel em um meio ácido (pH< 5), que poderia ocorrer em emanações vulcânicas, quando o enxofre é convertido a ácido sulfúrico. A alcalinização do meio levaria à formação de depósitos de óxidos e hidróxidos de ferro. Estes fenômenos ocorrem atualmente em regiões do "Great Rift Valley" na África oriental.

Conforme foi mostrado, a primeira hipótese inicial apresenta diversos pontos fracos: a necessidade de uma evolução rápida de seres que promovem a fotossíntese e a existência de outras formas de oxidação que não requerem a presença de oxigênio. Por isso, tomar a formação de BIFs como uma evidência de um desenvolvimento de vida que libere oxigênio não é correta.

Contudo, se considerarmos que a formação de BIF resulta da presença de oxigênio, o dado concreto é que o oxigênio está presente na atmosfera, o que abre a possibilidade que a atmosfera tenha oxigênio desde o início. Existe uma história mal contada sobre este tipo de formação rochosa, que foge da ciência para tentar criar uma narrativa da origem da vida.

A assinatura espectral de hematita foi observada em Marte pelos satélites Mars Global Surveyor[70] e 2001 Mars Odyssey em diversas regiões do planeta[71] e interpretadas como sinais da presença de água na superfície marciana, enquanto a presença de magnetita foi relatada em meteoritos originários de Marte.[72] Inicialmente, a semelhança da morfologia dos cristais com magnetita formada por bactérias levou à especulações de vida em Marte, rejeitada por análises de microscopia de transmissão eletrônica,[73] que demonstraram a origem abiótica dos minerais.

Complexos orgânicos com ferro

A ligação do oxigênio na hemoglobina e mioglobina é feita pelo átomo de ferro no estado de oxidação +2, posicionado no centro de um macrociclo nitrogenado chamado heme.

Figura 19 estrutura do grupo heme B

O átomo de ferro forma seis ligações químicas: os quatro nitrogênios do grupo heme, que formam um quadrado no plano, um outro nitrogênio da enzima (hemoglobina, mioglobina, entre outras), restando uma para o oxigênio, capturado quando o sangue chega aos pulmões.

Enzimas que atuam nas etapas de transporte de elétrons, como o citocromo c e em catálise química, como a succinato desidrogenase também apresentam o grupo heme, com modificações nos grupos ligados aos anéis nitrogenados. A descoberta da ferridoxina no início da década de 1960 foi o primeiro passo no reconhecimento da importância de arranjos de ferro e enxofre nos mais de 120 distintos tipos de enzimas. As propriedades químicas destes arranjos Fe-S levaram a especulações sobre a sua importância no surgimento da vida na Terra.

Figura 20 grupo heme da enzima succinato desidrogenase; a esfera laranja indica a posição do íon ferro. Fonte: PDB 1YQ3.

Os arranjos Fe-S fazem parte de diversas enzimas envolvidas na cadeia fotossintética e respiratória, pela capacidade de dispersar carga elétrica e dessa forma, mediar o transporte biológico de elétrons.

Enzimas que não promovem reação redox também apresentam arranjos Fe-S, como a aconitase ou as enzimas que transferem metil (-CH₃) da SAM para o DNA. Na isocitrato desidrogenase, o ferro participa de "cluster" com enxofre, que além da catálise, funciona como reservatório de ferro, que pode ser mobilizado em caso de necessidade, e por isso houve uma confusão sobre esta enzima, porque foi também chamada de ferritina e somente alguns anos depois foi esclarecido que se tratava da mesma enzima, que desempenhava duas funções.

Outros elementos

O cálcio desempenha papel importante para a constituição do esqueleto, porém é mantido fora da célula, porque forma sais insolúveis com fosfato,[74] enquanto o fosfato de magnésio é mais solúvel[75] e por isso o magnésio é o contra-íon do ADP/ATP e sua concentração no citosol é maior do que a concentração de cálcio - [Mg^{2+}]= 0,8. 10^{-3} mol/L; [Ca^{2+}]<0,0002. 10^{-3} mol/L.

Acredita-se que a história da disponibilidade do zinco seja oposta à do ferro, porque ao passar de um ambiente com sulfetos para hidróxido, o zinco passou a ser disponível, enquanto a biodisponibilidade do ferro foi reduzida. O zinco atua na anidrase carbônica, na carboxipeptidase e estima-se que em mais 3000 enzimas.[76] As fosfatases púrpuras apresentam o sítio ativo com ferro e zinco presentes, o que de certa forma contradiz esta dicotomia na questão da biodisponibilidade de ambos cátions metálicos, uma vez que ambos metais participam da mesma enzima.

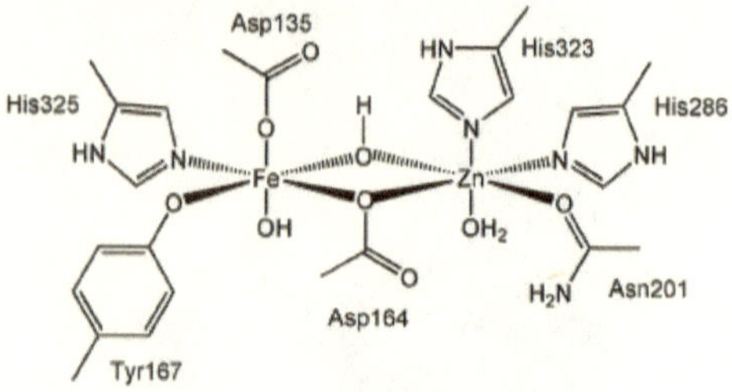

Figura 21: sítio ativo da fosfatase púrpura do feijão

O molibdênio (Mo) é um metal de transição menos comentado, porém contribui em uma reação que está na base da vida: a fixação de nitrogênio em plantas superiores. O sítio ativo da enzima nitrato redutase é composto por átomos de molibdênio, ferro e enxofre para a redução do nitrato (NO_3^-) para nitrito (NO_2^-). Se os processos químicos da vida dependem de molibdênio, formado apenas em supernovas, significa que as formas de vida podem surgir apenas depois das primeiras supernovas espalharem os seus restos pelo universo e ocorrer a agregação deste material em planetas.

Outros elementos como magnésio, que exerce um papel importante na clorofila; potássio e cloro, íons positivo e negativo na célula, cobalto (presente na vitamina B12), cobre, níquel, selênio também exercem funções fundamentais na obtenção de energia, homeostase celular e catálise.

4 - Biomoléculas

Antes das biomoléculas

As hipóteses sobre o surgimento da vida estão necessariamente conectadas à disponibilidade das moléculas nas condições pré-bióticas. As moléculas mais simples teriam combinado entre si e originado moléculas mais complexas, formando agregados e voilá! Em algum momento ocorreu um acidente (em inglês é utilizado o termo "frozen accident") em que se formou uma estrutura com estabilidade suficiente e capacidade de auto-replicação.

A esta estrutura teria se associado um metabolismo para a geração de energia, e formado uma membrana e teríamos um ser vivo, que em algum momento teria a capacidade de reprodução. Porém a ordem pode não ser esta e o metabolismo vir primeiro. Esta discussão não foi definida até o momento, porque as evidências são tênues e se desfazem com uma análise mais profunda.

A abiogênese é um processo anterior à vida (pré-biótico) em que um ser vivo, como uma célula, é formado a partir de compostos orgânicos que não têm vida: carboidratos, ácidos nucleicos, lipídios e proteínas (polímeros de aminoácidos). Estes "tijolos da vida" devem estar prontos e formar estruturas mais complexas até o momento em que este agregado de compostos químicos seja capaz de desempenhar as funções mínimas atribuídas a um ser vivo.

A sopa

A ideia da sopa primordial de Oparin e Haldane é a síntese de moléculas orgânicas a partir de moléculas inorgânicas, como no experimento de Wöhler. Com o passar do tempo, as moléculas reagiriam e formariam moléculas mais complexas, com interações intermoleculares que guiariam a formação de agregados.

A Terra se resfriava, com acúmulo de água nas depressões e formação de mares primitivos. A energia para as reações viria das descargas elétricas e radiações que atingiam o planeta. As moléculas orgânicas estariam concentradas nestes mares.

Mas os ingredientes da sopa são um mistério, porque as condições de síntese das moléculas que teriam dado origem não são conhecidas: composição e pressão atmosférica, temperatura, radiação solar, presença de água, entre outros. Esses parâmetros estão ainda sob debate, e a abordagem desses dados variam conforme as tendências teóricas sobre a origem da vida.

A energia para aquecer a sopa e a forma com que essa energia é capturada pelo sistema também não é conhecida, porque diversas reações importantes são desfavorecidas. Assim, mesmo que as moléculas primordiais fossem geradas e levadas para a mesma panela, a termodinâmica do caldo não é favorável à síntese, mas sim à quebra das mesmas ligações que se pretende formar.

Outro ponto é a concentração das moléculas necessárias para a síntese de polímeros biológicos, ou seja, se a sopa é rala ou grossa. Autores como Hull[77] e Shapiro[78] concluíram que as concentrações de aminoácidos que estariam presentes nos oceanos não deveriam passar de 0,0001 g/L, enquanto Hullett[79] concluiu que 0,000001 g/L (100 vezes menos) seria algo mais realista. Atualmente a concentração de glicina no Oceano Atlântico médio varia entre 0,00001 e 0,0001 g/L. Essa concentração é muito distante daquela necessária para iniciar uma reação de polimerização, que veremos mais adiante, é muito mais difícil do que misturar os aminoácidos.

Poderíamos imaginar que em algum momento houve a concentração destes componentes, contudo o aquecimento de aminoácidos em água não leva à polimerização, pelo contrário, induz à quebra de ligações peptídicas.

Um dos ingredientes que tem sido recentemente adicionado à sopa é a formamida (HCONH$_2$), líquida na faixa de 2 a 210° C a 1 atm de pressão, apresenta baixa pressão de vapor e um comportamento ácido-básico menos acentuado do que a água.

Evidências para a presença de formamida fora da Terra foram detectadas em Sgr B2 em 1971[80] e Orion KL[81] , no cometa Hale-Bopp [82] e diversos outros sistemas estelares em formação.[83,84]

A formamida emerge como uma molécula extremamente versátil em uma proposta de síntese de polímeros peptídicos que não envolva aminoácidos e pode formar bases púricas ou pirimídicas,[85,86] em condições específicas e poderia ter originado o RNA e DNA.

Embora tenha sido apresentada em diversos artigos como um potencial precursor das biomoléculas, a formamida é hidrolisada para o ânion formiato e o cátion amônio, de forma irreversível[87] em meio ácido, básico e neutro.

Mas os problemas com as reações de hidrólise tornam a água no componente mais controverso da sopa. A hidrólise das ligações químicas do RNA, proteínas e lipídios, caminhando em sentido contrário à síntese de moléculas complexas, e por isso alguns cenários consideram que estas moléculas foram sintetizadas em condições desérticas.

Assimetria molecular

Moléculas orgânicas que não apresentam elementos de simetria são chamadas assimétricas, e a sua imagem no espelho é diferente da original. O caso mais comum ocorre quando um carbono está ligado a quatro ligantes diferentes, quando são possíveis duas configurações em torno do carbono. Veja o caso de um carboidrato simples, o gliceraldeído:

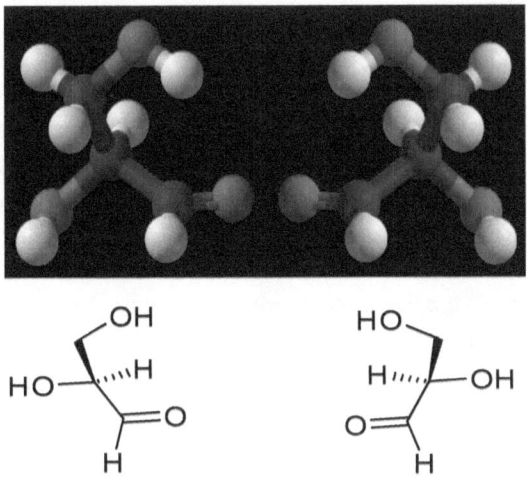

Figura 22: as duas formas do gliceraldeído

A imagem do gliceraldeído no espelho é diferente da forma original, ou em outras palavras, não é sobreponível e cada uma das formas é um enantiômero do gliceraldeído. A grande maioria das biomoléculas apresenta essa propriedade: aminoácidos, lipídios, carboidratos, alcaloides, entre outros.

Dentre os 20 aminoácidos, 19 são assimétricos e apenas a glicina é simétrica, e a treonina e a isoleucina apresentam dois carbonos simétricos, porém apenas uma das formas ocorre nos seres vivos: os aminoácidos são encontrados na sua grande maioria na forma *L*, e a forma *D* ocorre na parede celular de bactérias.

O surgimento da homoquiralidade precede em muito o surgimento da vida, porque é um requisito necessário para a síntese de enzimas com estrutura definida. Desta forma, é necessário a procura de mecanismos abióticos para a obtenção e síntese preferencial de enantiômeros.

Muitas reações químicas realizadas em laboratório a partir de moléculas simétricas resultam em compostos assimétricos. Se não houver a indução de assimetria, o resultado é uma mistura composta exatamente por 50% de cada um dos enantiômeros. Por exemplo, a redução da 2-butanona forma os álcoois correspondentes em quantidades iguais. Esta mistura com quantidades iguais entre os enantiômeros é chamada de mistura racêmica ou racemato.

$$1,0 \text{ g} \qquad\qquad 0,5 \text{ g} \qquad\qquad 0,5 \text{ g}$$

Um artigo do conhecido químico americano Ronald Breslow mostra que partindo de 500 mg do aminoácido fenilalanina com apenas 1 % de excesso de um dos enantiômeros, após duas recristalizações chega a soluções com alguns miligramas de fenilalanina com excesso de 87 %.[88] O enriquecimento de um dos enantiômeros no líquido ou sólido é atribuído à formação de agregados constituídos em sua maioria por um dos enantiômeros. Em uma solução racêmica os agregados com *D* e com *L* se formariam em iguais quantidades, mas a abundância relativa de um dos enantiômeros potencializa a agregação mais rápida de um deles, resultando na concentração em uma das fases.

Para que esta descoberta seja aplicável, é necessária uma flutuação nas proporções dos enantiômeros formados em alguma reação química que induza a cristalização preferencial, e uma sequência de fenômenos que permita a separação entre o material cristalizado e a solução original, e que este processo se repita até chegar a uma purificação de um enantiômero.

Contudo, nenhum destes passos são razoáveis. Não ocorrem flutuações detectáveis na formação de enantiômeros de forma natural, as biomoléculas passíveis de recristalização são altamente solúveis em água, que é o solvente necessário para que se desenvolva a vida. A ribose é o carboidrato que compõe o RNA, completamente solúvel em água e apresenta 4 carbonos assimétricos na forma cíclica. Não é possível a separação dos enantiômeros por cristalização. A separação de enantiômeros induzida por superfícies minerais quirais foi uma hipótese sugerida,[89] contudo não existem evidências sobre excessos de formas assimétricas minerais, o que levaria novamente a misturas com proporções iguais das formas *R* e *S*.

Como se não houvesse problemas suficientes, para modelar um ambiente para esta separação de enantiômeros, observou-se que os aminoácidos e carboidratos racemizam com o passar dos anos, ou seja, algumas moléculas de um aminoácido apenas na forma *L* passam para a forma *D*. A velocidade que ocorre essa reação varia com a presença de sais, a profundidade do sedimento e temperatura.[90]

Esta propriedade tem sido utilizada para a datação de material biológico,[91,92] mas acima de tudo, é uma indicação de que a tendência clara da matéria orgânica é no sentido contrário daqueles que afirmam que a homoquiralidade é fruto de uma lenta purificação de material racêmico.

Os resultados mostram que naturalmente os aminoácidos que estão como enantiômeros puros lentamente se transformam em uma mistura dos dois enantiômeros, enquanto a purificação de uma mistura de aminoácidos requer um excesso de um dos aminoácidos e a cuidadosa separação do material purificado, para que não se misture novamente. Esta purificação é realizada utilizando equipamentos de laboratório em um ambiente controlado e nunca foi observada na natureza, e por isso a purificação natural dos enantiômeros é apenas uma hipótese que não foi comprovada.

As classes de biomoléculas e hipótese pré-bióticas

Existe uma diversidade muito grande entre as moléculas que compõem os seres vivos, e para facilitar a sua compreensão são divididos em classes, conforme a presença de grupos funcionais ou características físico-químicas.

As principais classes de biomoléculas necessárias para construir as estruturas vitais são os aminoácidos, carboidratos, ácidos nucleicos e lipídios. A química dos processos vitais abrange outras classes: ácidos carboxílicos, corpos cetônicos, cofatores, entre outros. Muitos químicos têm se empenhado em mostrar como estas biomoléculas tenham se formado, mas os avanços são pífios e deixam muitas possibilidades abertas.

5 - Aminoácidos e peptídios

A hidrólise de proteínas de tecidos vivos produz aminoácidos em meio fortemente ácido ou básico, o que comprova que as proteínas são polímeros de aminoácidos. As funções orgânicas características dos aminoácidos são os grupos NH_2 e COOH presentes na mesma molécula. Os aminoácidos proteinogênicos, como a glicina e alanina mostrados a seguir, apresentam estes grupos ligados ao mesmo carbono.

glicina   alanina

O grupo NH_2 está na forma reduzida, enquanto o grupo COOH apresenta o carbono em um estado oxidado. Existe uma dicotomia química na estrutura dos aminoácidos: o NH_2, um grupo rico em elétrons (reduzido e nucleofílico) e o COOH, um grupo pobre em elétrons (oxidado e eletrofílico), e o surgimento destes dois grupos em uma mesma molécula leva a dificuldades para a definição da atmosfera inicial, que poderia ser redutora ou oxidante, mas não as duas ao mesmo tempo.

Síntese abiótica de aminoácidos

Os primeiros passos para explicar a síntese das moléculas da vida se deram a partir do experimento de Miller-Urey em 1953, em que adicionaram amônia, metano, água e hidrogênio gasosos e provocaram descargas elétricas, obtendo um material escuro, que foi analisado e em um primeiro momento revelaram a presença de cinco aminoácidos.

$$NH_3 + CH_4 + H_2 + CO_2 \longrightarrow \text{aminoácidos + outros compostos}$$

A análise do material produzido pelo experimento de Miller Urey em 1952[93] por cromatografia de papel detectaram a presença de glicina, alanina e β-alanina de forma inequívoca e provavelmente ácido aspártico a ácido aminobutírico. As teorias sobre origem da vida não eram mais matéria de especulação e poderiam ser submetidas a rigorosos experimentos científicos.

A divulgação dos resultados deste experimento em 1953 foi muito próxima à publicação da sequência de aminoácidos da insulina por Sanger e Thompson[94] e a estrutura do DNA por Watson e Crick[95] geraram uma excitação no meio científico, com a ideia que bastariam alguns anos para desvendar a síntese abiótica de todas os tijolos moleculares necessários à vida. Enquanto o conhecimento estrutural das enzimas e do DNA cresceu vertiginosamente, os avanços sobre a origem abiótica da vida foram tímidos.

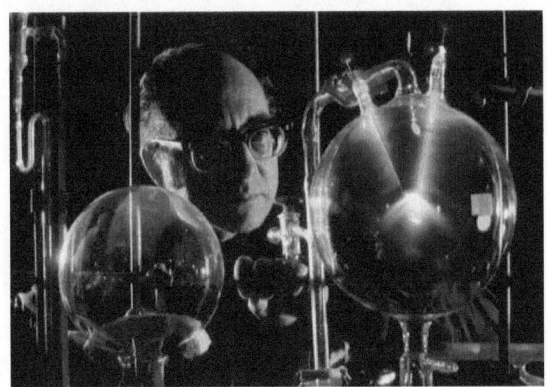

Figura 23: fotografia de Stanley Miller com o seu aparato

Após a morte de Miller em 2007, Jeffrey Bada analisou os frascos com os materiais originais utilizando a aparelhagem analítica atual revelou a presença de 22 aminoácidos,[96] sendo que diversos não proteinogênicos e em quantidades que não poderiam ser determinadas com as ferramentas da época. A proporção de glicina foi de 2,1 %, alanina 1,7 % e β-alanina 0,76%, porém o principal composto obtido foi o ácido fórmico (HCOOH), na proporção de 4,0%.

Bada também descobriu frascos não analisados de experimentos realizados em condições diferentes, chamados de "lost Miller experiments",[97] nunca publicados por Miller e uma possível razão para esta relutância seria o odor desagradável de H_2S, que o deixava doente. O experimento realizado na presença de sulfeto de hidrogênio (H_2S) produziu 22 aminoácidos, sendo que 10 deles não haviam sido encontrados nos experimentos anteriores.

glicina   alanina   β-alanina

ácido γ-aminobutírico   ácido aspártico

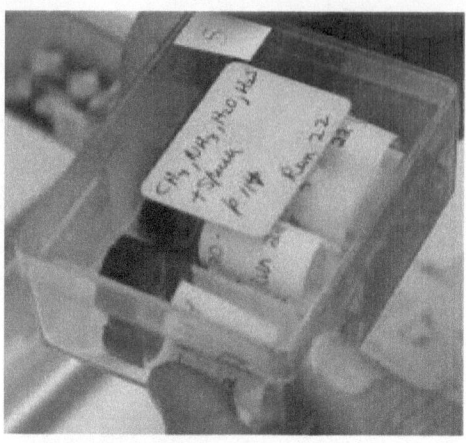

Figura 24: os experimentos perdidos de Miller

A formação de aminoácidos não proteinogênicos como a β-alanina, ácido aminobutírico, entre outros levou ao questionamento: por que estes aminoácidos não foram utilizados para a síntese de proteínas, uma vez que suas propriedades químicas são semelhantes aos aminoácidos proteinogênicos? Sugeriu-se que os atuais aminoácidos seriam selecionados pelas "forças evolutivas" de um arcabouço de aminoácidos disponíveis.[98] Esta não é uma resposta satisfatória, porque a seleção evolutiva requer uma competição entre os seres vivos, o que teria ocorrido somente após a formação de estruturas muito mais complexas, definidos os aminoácidos proteinogênicos.

Miller propôs que a formação de aminoácidos teria ocorrido via síntese de Strecker, em que o cianeto adiciona à carbonila, seguido da aminação redutiva e hidrólise da nitrila. As condições de síntese em laboratório envolvem a adição de cianeto e amônia a um aldeído, formando uma aminonitrila. Na sequência, um ácido forte é adicionado para hidrolisar o intermediário, resultando no aminoácido.

A sequência de passos é muito importante para o sucesso do experimento. Por exemplo, ser for o ácido for adicionado no início da síntese de Strecker, os rendimentos serão muito baixos, porque o cianeto passa a ácido cianídrico (HCN) gasoso, que abandona o ambiente da reação. A remoção deste reagente impede o progresso da reação. O HCN é um gás mortal, que se liga ao Fe^{2+} de enzimas como a hemoglobina e o citocromo C.

A presença da amônia é crucial para que o experimento resulte em aminoácidos, porém as propriedades químicas da amônia são claramente incompatíveis com sua presença em um planeta próximo ao sol, porque a radiação solar resultaria na fotodissociação da amônia, resultando na sua total decomposição. [99]

Além disso, a reação principal entre amônia e CO_2 é a formação de bicarbonato e carbonato de amônio abaixo de 129° C.[100]

$$NH_3 + CO_2 + H_2O \longrightarrow (NH_4)HCO_3 + (NH_4)_2CO_3$$

$$\text{bicarbonato} \quad \text{carbonato}$$
$$\text{de amônio} \quad \text{de amônio}$$

Ou seja, a reação entre amônia e CO_2 levaria a formação de materiais sólidos que não teriam volatilidade suficiente para serem expostos às faíscas que Urey e Miller utilizaram como fontes de energia.

Uma nova proposta[101] para a formação dos aminoácidos por um intermediário mais estável do que o formaldeído, a formamida ($HCONH_2$), líquida na faixa de 2 a 210° C a 1 atm de pressão, apresenta baixa pressão de vapor e um comportamento ácido-básico menos acentuado do que a água.

formaldeído   formamida

Os problemas de hidrólise da formamida já foram citados anteriormente, o que a torna um reagente problemático na presença de água.

As interrogações sobre o experimento de Miller-Urey não param na rota de reação. As hipóteses sobre a atmosfera primordial passaram por reavaliações, passando das condições fortemente redutoras de Miller, contendo H_2, NH_3 e CH_4 para uma composição mais neutra, formada principalmente por N_2 e CO_2,[102] pequenas quantidades de CH_4, H_2 e O_2.

A presença de HCN e NH_3 na atmosfera foi descartada, porém sua formação tem sido postulada em fontes hidrotermais para dar sobrevivência à síntese abiótica das nucleobases,[103,104] porém a hidrólise do HCN não é considerada, colocando sérios questionamentos sobre a validade dos experimentos.[105]

A mudança no ponto de vista levou a mudanças nos gases, utilizando outras formas de energia para a síntese de compostos orgânicos,[106] e na maioria não houve a produção de aminoácidos, enquanto outros formaram menos de um por cento de aminoácidos. Experimentos utilizando a atmosfera mais plausível atualmente, constituída por CO_2 e N_2 também não produziram quantidades detectáveis de aminoácidos.[107, 108]

A hipótese da contribuição dos sistemas hidrotermais para o surgimento da vida surgida nos anos 1990 levou a uma nova série de experimentos substituindo as descargas elétricas por condições mais suaves, usando o calor como fonte de energia para as sínteses.

Os experimentos nessas condições produziram quantidades ínfimas de aminoácidos. Por exemplo, Hennet et al.[109] conduziram uma reação de uma solução aquosa contendo 0,19 mol/L (as concentrações são altas e acima de qualquer disponibilidade pelo ambiente) de formaldeído, 0,19 mol/L de cianeto de potássio (KCN- fonte de cianeto), e 0,23 mol/L de cloreto de amônio (NH_4Cl - fonte de amônia) na presença de sulfeto de ferro e óxidos de ferro, e pó de platina a 150°C, por períodos maiores do que 54 h, formando concentrações na ordem de milimolar de glicina e na ordem de micromolar de aspartato, serina, glutamato, alanina, e isoleucina. As mesmas condições que podem sintetizar aminoácidos também podem decompô-los, e numerosos experimentos relataram a rápida decomposição mesmo durante aquecimento suave.[110,111,112]

Embora alguns aminoácidos de estrutura mais simples são formados em misturas de gases em condições vigorosas, outros aminoácidos como histidina, fenilalanina, tirosina, lisina, triptofano, entre outros não ocorrem em nenhuma destas reações. Essa dificuldade põe em xeque as teorias que requerem o desenvolvimento de caminhos catalíticos que envolvam enzimas como passo inicial.

Os experimentos que formam aminoácidos com carbonos assimétricos, resultam em uma mistura racêmica com 50% da forma *R* e 50 % da forma *S*. Os seres vivos sintetizam os aminoácidos em apenas uma das formas, resultando na "homoquiralidade". Proteínas formadas a partir de misturas racêmicas não seriam reprodutíveis, levando a uma grande variação estrutural, o que impediria qualquer funcionalidade.

Um problema adicional é a estabilidade de aminoácidos. Dentre os 20 aminoácidos proteinogênicos, 10 deles são instáveis e sofreriam rápida decomposição nas prováveis condições da Terra primitiva. Por exemplo, Glutamina e asparagina são termicamente instáveis,[113] enquanto cisteína, metionina, triptofano, histidina, tirosina e fenilalanina são rapidamente destruídas por radiação ultravioleta.[114]

Por que aminoácidos?

Até o momento os resultados sobre a síntese abiótica de aminoácidos deram algumas esperanças para corroborar as hipóteses de origem da vida, mas quais são as propriedades dos aminoácidos que tornam eles tão interessantes?

A presença de grupos laterais que comunicam propriedades particulares como acidez, carga, hidrofobia não são uma característica única dos aminoácidos e poderia ser encontrada em outras classes de moléculas. A característica importante vem dos polímeros que são formados pelos aminoácidos. Os aminoácidos apresentam ao menos dois grupos capazes de reagir entre si, o NH_2 e o COOH ligados ao mesmo carbono e por isso são chamados de α-aminoácidos. O esquema abaixo mostra de forma simplificado a condensação de dois aminoácidos para formar uma ligação peptídica.

As proteínas são polímeros de aminoácidos conectados através de ligações peptídicas, uma designação específica para ligações amida formada entre aminoácidos. Assim como os ésteres, anidridos e tioésteres, as amidas são derivadas de ácidos carboxílicos que conectam duas cadeias carbônicas resultando em um aumento da cadeia e aumento da complexidade, porém dentre estas é a ligação química mais forte e resistente à hidrólise, que é a reação de volta. Os esquemas para a formação dos produtos estão mostrados a seguir.

Tabela 7: estabilidade cinética de derivados de ácido carboxílico

ligação	Tempo de meia vida (anos)
Anidrido carboxílico	$8,4.10^{-5}$
tioéster[115]	0,4
éster[116]	2
Amida [114]	$\sim 4,0.10^4$

A ligação amida é mais estável do que as outras ligações, e esta é uma das razões para a hidrólise extremamente lenta destes compostos, ou seja, a ligação amida sobrevive no citosol sem hidrolisar. A hidrólise de peptídios ocorre pela catálise de proteínas que são mantidas em ambientes específicos para evitar a autofagia celular.

Síntese de peptídios

A formação do peptídio é muitas vezes representada como a reação entre dois aminoácidos, entre o grupo NH_2 de um aminoácido e o grupo COOH de outro aminoácido, liberando água. Poderíamos ter a ideia que apenas misturando os aminoácidos e após um aquecimento da mistura, teríamos o peptídio ao final de algumas horas. Experimentalmente, a reação não ocorre e essa limitação pode ser compreendida pela natureza química dos reagentes.

Os aminoácidos estão na forma de duplo íon (zwitterion) entre pH 3 e 10. Abaixo de pH 2 estão na forma positiva em que o grupo amônio e o COOH estão protonados, e acima de pH 12 estão na forma de NH_2 e carboxilato.

Em nenhuma destas condições ocorre a condensação entre aminoácidos em bons rendimentos, porque a amina na forma de NH_3^+ não reage, e o ácido carboxílico na forma de COO^- afasta qualquer grupo que reaja sobre o carbono do C=O.

Além das considerações sobre a reatividade química, a termodinâmica também não favorece a formação da ligação amida. A energia livre da síntese da ligação amida da formação da glicil-glicina é de 15 kJ/mol (3,5 kcal/mol). Ou seja, é uma reação endotérmica, cuja constante de equilíbrio é de 3.10^{-3}, o que favorece claramente os aminoácidos livres em detrimento do peptídio. Em meio aquoso, o equilíbrio está deslocado para a formação dos aminoácidos livres, contudo em ambientes com pouca água, a hidrólise é lenta.

A reação requer a entrada de energia, que nos seres vivos vem do uso de moléculas com alta energia, como o ATP. A síntese de peptídios inicia pela ativação do grupo carboxi, através da fosforilação com ATP. Na sequência, uma fita de RNA transportador substitui o fosfato, formando um éster com a ribose. O aminoácido ligado à fita de RNA transportador chega ao ribossomo, onde é transferido à crescente cadeia peptídica.

A forma que a sequência de aminoácidos é sintetizada em um laboratório é semelhante à síntese no ribossomo. Desde Merrifield, laureado com o Prêmio Nobel de Química 1984, o principal método de síntese de proteínas ocorre em fase sólida, fixando o aminoácido de partida em um polímero.[117]

73

A sequência de ativação segue através da adição de um novo aminoácido protegido, remoção do grupo protetor, uma nova ativação e adição de um novo aminoácido protegido, e assim por diante. O primeiro passo é a proteção do grupo NH_2 do aminoácido para impedir a auto-reação após a ativação do grupo carboxi. Os grupos protetores diminuem a reatividade do nitrogênio como nucleófilo por efeito estéreo (espacial) ou eletrônico. O esquema abaixo mostra uma síntese de peptídios em fase sólida, utilizando Fmoc (fluorenilmetiloxicarbonil) como grupo protetor. Segue a etapa em que o aminoácido é ligado a uma fase sólida, usualmente um polímero, o acoplamento que requer um agente ativante. As sequências desproteção e acoplamento seguem até a síntese do peptídio desejado. A proteína sintetizada é liberada na última etapa com a liberação do peptídio do polímero e a desproteção final.

O peptídio primordial

A ligação entre aminoácidos para formar peptídios é realizada em frações de segundo pelos ribossomos, e requer alguns minutos em laboratório. Em ambos os casos, a reação é realizada com aminoácidos protegidos e ativados, e no laboratório a reação requer o uso de solventes orgânicos. Existe o reconhecimento dos pesquisadores da área que estas condições são muito sofisticadas quimicamente e não refletem as condições pré-biótica. Então surge a questão: como foi obtido o peptídio primordial?

A lógica química requer uma desidratação (perda de água) de um par de aminoácidos, e aplicar calor ao aminoácido com o intuito de dirigir equilíbrio químico para a síntese do peptídio pela remoção de água foi a primeira tentativa. O esquema abaixo mostra a reação idealizada.

reação idealizada

aminoácido   peptídio

A análise dos resultados destes experimentos demonstrou a obtenção de dipeptídios, tripeptídios em quantidades ínfimas, porém os produtos obtidos em maiores quantidades foram as 2,4-dicetopiperazinas,[118] que são muito   estáveis e não sofrem reações posteriores nas condições utilizadas, o que descarta sua possível função no crescimento de cadeias peptídicas.[119] Pelo contrário, sua síntese é indesejável em qualquer processo que envolva a síntese de peptídios. A reação é usualmente acompanhada de epimerização (inversão de configuração em torno do carbono assimétrico), quando são utilizados aminoácidos com estereoquímica definida.[120]

a realidade

aminoácidos

2,5-dicetopiperazina
produto principal

Entretanto, a condensação entre glicina e ácido glutâmico formou o polímero poli-ácido glutâmico-glicina de forma ordenada sobre óxido de alumínio em condições térmicas, e a regularidade do arranjo entre os aminoácidos foi atribuída à formação de uma dicetopiperazina reativa, resultado da condensação entre glicina e ácido glutâmico,[121] em que o grupo carboxi (COOH) do ácido glutâmico aumenta a reatividade da dicetopiperazina.

As dificuldades relacionadas à síntese dos peptídios podem ser comprovadas nas quantidades relativas dos compostos obtidos pela condensação da glicina detectada nos meteoritos de Murchison e Yamato-791198.[122] As quantidades de glicilglicina e 2,4-dicetopiperazina foram de 4 e 23 pmol (10^{-12} mol)/g, respectivamente, em Murchison 11 e 18 pmol /g, respectivamente em Yamato. A concentração de glicil-glicina foi cerca de 3-4 vezes menor do que a glicina livre, e o tripeptídio não foram detectados, assim como outros aminoácidos não foram reportados.

A tentativa de obter peptídios a partir do aquecimento de aminoácidos com outros minerais[123] e argilas[124] requer temperaturas altas (ex: 150° C) e grandes concentrações de aminoácidos (>0,1 mol/L) para obter rendimentos baixos, e sempre com o predomínio da forma cíclica.[125], que é o ponto final para o crescimento da cadeia. Durante o período de aquecimento dos aminoácidos, observam-se perdas de cerca de 40% do aminoácido por desaminação (saída de NH_3), descarboxilação (saída de CO_2), desidratação (saída de H_2O) e hidrólise (quebra de ligações por H_2O).

Porém uma observação do comportamento da condensação térmica dos aminoácidos passa despercebida das análises dos artigos: após alguns dias de aquecimento, a quantidade do produto chega a um patamar estável. A conclusão é que a reação chega a um equilíbrio entre reagentes e produtos, quando a velocidade de condensação é igual à velocidade de quebra da ligação peptídica, e conforme aumenta o número de peptídios ligado, a quebra se torna cada vez mais provável.

Ou seja, seria necessário que houvesse grande quantidade de aminoácidos à disposição para que uma pequena fração formasse um produto que não seria de utilidade para a construção de proteínas, como as dicetopiperazinas, ou seja, grandes superfícies cobertas de aminoácidos sob altas temperaturas.

Ainda assim, o crescimento da cadeia nessas condições tem-se mostrado impraticável e muito distante do comprimento das menores proteínas conhecidas.

O ácido fórmico produzido nos experimentos de síntese de aminoácidos de Urey-Miller também levaria a dificuldades sintéticas: inicialmente condensaria com o grupo NH_2 do aminoácido, o que impediria reações posteriores e se houvesse algum peptídio no meio, levaria à sua hidrólise.[126]

A hipótese aceita é a condensação de aminoácidos no interior de argila. Até o momento, não existem dados que demonstrem uma eficiência catalítica importante para esses sistemas. Outra questão está relacionada com o ambiente em que teriam ocorrido os fenômenos pré-vida. A proteção dos raios ultravioleta de alta energia em uma atmosfera sem uma camada de ozônio requer uma cobertura, e por isso os mares são vistos como o ambiente mais propício. Não existem quaisquer evidências de aminoácidos livres no oceano, e para a reação de condensação seriam necessárias grandes concentrações de aminoácidos nos oceanos.

As questões científicas sobre esse tópico estão longe de serem respondidas, e são um convite para que pesquisadores engajados se disponham a resolvê-las.

Questões e respostas sobre aminoácidos e peptídios

O conhecimento sobre a química dos aminoácidos e proteínas atingiu um patamar inimaginável para os pioneiros que desbravaram este campo, como Emil Fisher e Paul Ehrlich, elucidando os distintos mecanismos de reações, automatizando a síntese de proteínas, revelando o arranjo tridimensional de enzimas complexas.

Os experimentos de síntese abiótica produziram aminoácidos em proporções muito pequenas, utilizando concentrações de reagentes muito acima daquelas que estariam disponíveis e em condições que não seriam adequadas à atmosfera da Terra primordial. A maioria destes aminoácidos era não-proteinogênico, e a maioria dos 20 aminoácidos proteinogênicos não foi produzida e as condições utilizadas levariam à sua decomposição.

O surgimento da homoquiralidade em aminoácidos não foi estabelecido, apesar dos diversos experimentos.

Experimentos para a formação de ligações peptídicas levaram a resultados negativos, e apenas em condições drásticas, utilizando altas concentrações e temperaturas levaram à condensação de aminoácidos, com o agravante da formação preferencial de dicetopiperazinas. O crescimento de cadeias foi obtido apenas em materiais porosos, em temperaturas baixas, com aminoácidos ativados e mesmo assim, o tamanho da cadeia obtido é menor do que a menor enzima conhecida.

A diversidade da estrutura primária é necessária para a atividade catalítica das enzimas e introduz informação na cadeia. Não há nenhuma qualquer evidência sobre o mecanismo químico de incorporação desta informação na cadeia peptídica, sem falar de estruturas secundárias, que requerem sequências específicas de aminoácidos para serem definidas.

O atual estado da ciência avançou para obter respostas sobre aminoácidos, peptídios e enzimas, e todas elas levam a respostas negativas sobre a síntese abiótica destes compostos, apesar do grande esforço de pesquisadores e aporte de recursos para as pesquisas.

6 - Açúcares

Os açúcares ou carboidratos são moléculas solúveis em água, com uma relação de 1 carbono para 2 hidrogênio e um oxigênio, CH_2O. A treose é um carboidrato de quatro carbonos, de fórmula $C_4H_8O_4$, a ribose $C_5H_{10}O_5$ e a glicose $C_6H_{12}O_6$. A glicose é a principal fonte de energia para a célula, enquanto a ribose é uma componente essencial para a síntese de RNA e ATP, assim participam do metabolismo e informação celular.

A função central da ribose significa que deveria estar presente nos primórdios da vida e a proposta de síntese abiótica para a síntese dos açúcares é um desafio em particular, porque são moléculas pouco estáveis, com diversas reações de decomposição.

A única reação abiótica explorada para a síntese de açúcares é a reação da formose, descoberta por Buttlerov.[127] A reação está mostrada no esquema seguinte, com uma série de condensações do formaldeído para formar açúcares com maior número de carbonos, conforme o esquema abaixo.

Postula-se que o primeiro passo desta sequência de reações seja a auto-condensação do formaldeído **1** formando glicolaldeído **2**, porém esta reação não ocorre em velocidade detectável ou não ocorre de nenhuma forma e não existem evidências sobre a viabilidade da reação, e esse pode ser um ponto de partida para uma investigação. Alguns pesquisadores afirmam que o glicolaldeído estava presente já no início, citando sua presença no espaço.[128]

Quando o glicolaldeído está disponível, a reação apresenta auto-catálise, ou seja, o produto catalisa a reação do reagente. O glicolaldeído, reage com o formaldeído através de uma condensação aldólica, formando gliceraldeído **3**, que pode isomerizar para di-idroxiacetona **4** e tetroses, como a 2-cetotetrose **5**, que pode dar uma retro-aldol, formando duas unidades de glicolaldeído, o que dá uma característica de auto-catálise para a reação. Os açúcares de cinco carbonos, como a ribose e seus isômeros **6** são formados por sequências de condensações de formaldeído e isomerizações.

Esta sequência de reações demonstra a importância atribuída ao formaldeído para a síntese de açúcares, um ponto central da tese do "mundo RNA". [129]

A menor estabilidade do formaldeído em relação a outros compostos de carbono-hidrogênio-oxigênio já foi demonstrada anteriormente, assim como a tendência do formaldeído à desproporcionação em meio básico, através da reação de Cannizzaro:

Uma comparação entre as reações do formaldeído em meio básico mostra que a desproporcionação pela reação de Cannizzaro é mais rápida do que a reação da formose, conforme a tabela a seguir.[130]

Tabela 8: comparação entre as reações de Cannizzaro e formose

Temperatura da reação ($^{\circ}$ C)	Velocidade de adição (mmol/L.min)	[Ca(OH)$_2$] mmol/L	Velocidade de consumo do formaldeído (mmol/L.min)	
			por Cannizzaro	**por formose**
40	135	96,8	2	1,3
30	32,5	355	1,2	0,4

Este não é o único problema da reação de formose para a síntese de açúcares. As reações entre os produtos da formose com formaldeído (Cannizzaro cruzada) são mais rápidas do que as reações de prolongamento da cadeia. Experimentos com glicolaldeído, gliceraldeído e 1,3-diidroxiacetona com formaldeído e NaOH por 30 min a 29° C foi hidroximetil glicerol e não hidroximetil gliceraldeído.[131]

Este resultado mostra que o produto da adição sofre uma reação de Cannizzaro cruzada, que remove o aldeído da reação e diminui a velocidade de crescimento da cadeia do açúcar, de acordo com o esquema abaixo.

O principal objetivo da reação da formose no contexto da abiogênese é explicar a síntese da ribose, um ponto central para a hipótese do "RNA world", em que o RNA seria a primeira molécula da vida, combinando as funções de auto-replicação e catálise.

A reação da formose produz diversos carboidratos, de três, quatro, cinco e mais carbonos, e a proporção de ribose nas misturas reacionais é de menos de 1 %. Além de carboidratos, são produzidas outras classes de compostos.[132]

Outro problema recorrente é a formação de um resíduo escuro e insolúvel após algumas horas de reação, semelhante a asfalto,[133] e os experimentos evitam este problema parando a reação após algumas horas, o que seria inviável nos primórdios da Terra.

A reação da formose é pouco eficiente como rota sintética, operando em pH alcalinos e requer concentrações altas de formaldeído, uma condição realmente difícil de obter, especialmente considerando todas as reações concorrentes.[134]

Os açúcares são pouco estáveis em soluções ácidas ou básicas, levando a diversas reações de eliminação e polimerização,[135,136] e mesmo em soluções neutras a ribose mostrou-se pouco estável e sua degradação aumenta com a temperatura. Por exemplo, a meia vida da ribose a 100° C é de 73 min e 300 dias a 25° C em condições praticamente neutras.[137] Em pH de 8,2 (oceano atual), a velocidade de decomposição aumenta em cerca de 50%. Contudo os dados de decomposição de açúcares não aparecem nos livros sobre abiogênese.

Esta não é a única objeção séria sobre a formação de açúcares a partir do formaldeído e especialmente à síntese da ribose. A reação de Maillard entre açúcares e aminoácidos ocorre de forma irreversível nas mesmas condições, formando heterociclos como o furfural a partir de pentoses (ex: ribose) e 5-hidroximetilfurfural a partir de hexoses (ex: glicose).

D-ribose   D-glicose   furfural   5-hidroximetilfurfural

A hipótese que HCN estivesse presente nas condições pré-bióticas se constitui em um problema frente a reatividade de aldoses, como a ribose e a glicose, que reagem com baixas concentrações de HCN (reação de Kiliani), resultando em ácidos carboxílicos de massa maior

D-ribose

Os experimentos sobre a estabilidade de açúcares invalidam qualquer hipótese sobre a utilização destas moléculas como fonte de energia inicial, uma vez que estes não estariam disponíveis. Assim, surge uma questão: como surgiu a glicólise se não havia glicose para queimar? Seria necessário o surgimento da fotossíntese em uma etapa anterior? Porém o ciclo de Calvin é uma sequência de reações usando carboidratos, e então quais foram os passos químicos para todos estes processos? Atualmente não existem respostas para elucidar estas questões.

Complexos com boro

A falta de seletividade na síntese da frutose e a decomposição dos carboidratos em condições normais levaram à hipótese da formação de complexos dos açúcares com borato.

O fundamento desta afirmação vem de evidências da química orgânica, que alteram as propriedades dos açúcares e a seletividade nas reações de síntese da frutose. Um exemplo da variação de propriedades dos açúcares é o aumento de acidez de derivados de ácido bórico. Por exemplo, o pK_a do ácido bórico em água é de 9,14, após a adição de *D*-manitol, o valor do pK_a baixa para 5,15. Esta diferença corresponde a um aumento de 10.000 vezes a acidez (a escala de pK_a é logarítmica, assim cada unidade de diferença corresponde a 10 vezes na alteração de acidez).

D-manitol

ácido bórico
$pK_a = 9,14$

complexo *D*-manitol-ácido bórico
$pK_a = 5,15$

O valor de ΔG para a interação entre borato e diferentes açúcares demonstrou uma maior interação com a frutose,[138] quando comparado com a glicose e sacarose, enquanto experimentos de síntese[139] formaram pequenas quantidades de pentoses (arabinose, lixose, xilose e ribose) a 45° C, usando boratos e $Ca(OH)_2$ 0,5 mol/L.

A estabilização da ribose e de outros açúcares decorre da formação de complexos com dois grupos OH em posição sin das formas ribofuranose, que na ribose pode ocorrer tanto entre OH de C-1 e C-2, quanto entre C-2 e C-3.[140]

D-ribose
(forma cíclica)

complexo ribose-borato

O borato não é um íon abundante na natureza. A concentração de borato na água do mar é de 26 mg/L, 720 vezes menor do que o ânion mais abundante, o cloreto. A escassez dos boratos é explicada pela reação com silicatos, muito mais comuns, formando borosilicatos. Em fase sólida é encontrado em rochas ígneas como a turmalina, concentrado em resíduos de fusão durante a formação das rochas. São conhecidos no vale da Morte e vales secos da Antártida.

Para contornar a escassez de boro e a impossibilidade de síntese da ribose em uma atmosfera com água, alguns artigos propuseram que a ribose teria vindo de Marte, onde os boratos são mais abundantes.[141] Não existem evidências da existência de tais compostos em Marte, nem dos reagentes, e qualquer composto orgânico na superfície de um corpo celeste teria volatilizado na entrada da atmosfera terrestre. Além disso, o transporte interplanetário não poderia fornecer a quantidade necessária de frutose para o início da vida.

Questões sobre carboidratos

O conhecimento atual da química exclui a disponibilidade de carboidratos em um ambiente pré-biótico, pela indisponibilidade de formaldeído, pelas dificuldades sintéticas descobertas na rota da formose, incluindo a reação de Cannizzaro, reações cruzadas, necessidade de ambientes extremamente alcalinos e instabilidade dos açúcares formados. Especificamente, se observa a falta de seletividade para a síntese do açúcar mais importante para a síntese de biomoléculas, a ribose. O subterfúgio da complexação com boro para a estabilização da ribose carece de significado, uma vez que o boro é escasso, sua concentração no ambiente é muito baixa para promover a complexação, e os valores das constantes de complexação indicam uma seletividade baixa para a ribose.

A principal hipótese de origem da vida atual é o "mundo RNA", que depende da abundância de ribose para validá-la. Assim, esta hipótese fica extremamente enfraquecida em face do atual conhecimento da química. Em tempos de maior ignorância, poderia ser considerada, mas a base atual é sólida e o avanço científico continuará comprovando a incompatibilidade desta hipótese pela ausência de condições de síntese da ribose e bases nucleicas.

O uso da glicose como fonte inicial de energia também fica descartado, primeiramente pela complexidade molecular deste carboidrato, que requer um metabolismo muito complexo, composto pela glicólise anaeróbica, ciclo de Krebs e fosforilação oxidativa, e além do mais, todos os problemas expostos para a disponibilidade da ribose também são validos para a glicose.

Considero que esta é uma das questões mais difíceis de contornar para os pesquisadores que formulam as hipóteses de surgimento de biomoléculas em um ambiente pré-biótico.

7 - Lipídios

A propriedade físico-química comum aos lipídios é a insolubilidade em água. Óleos e gorduras formam fases distintas com água, que podem variar a espessura de monocamadas (camadas de apenas uma molécula) até camadas visíveis, como na fotografia de um copo com água e óleo mostrada abaixo.

A separação de fases ocorre pela forte interação entre as moléculas de água, que formam uma rede de ligações de hidrogênio. Qualquer molécula orgânica que entra na estrutura da água, se interpõe entre as moléculas e diminui as forças atrativas das ligações de hidrogênio. Desta forma, a água "expulsa" as moléculas orgânicas, especialmente aquelas que não têm grupos capazes de interagir com a água. Por isso, apenas moléculas orgânicas que apresentam grupos que interagem com a água por ligações de hidrogênio, como etanol, açúcares ou aminoácidos são solúveis em água.

Os lipídios não apresentam esses grupos e por isso a água "expulsa" essas moléculas. Os lipídios fazem parte das membranas celulares e a sua compatibilidade em água nas hipóteses de origem da vida é algo que deve ser resolvido.

Se os lipídios foram sintetizados antes do surgimento das moléculas da vida, eles estariam em fases distintas, por exemplo, flutuando sobre a água. Senão foram formados, quais foram as moléculas que desempenharam as suas funções?

Lipídios e membranas

A identidade de um ser requer que ele seja definido no espaço. É necessária uma barreira física que o defina e não se confunda com o ambiente que o cerca. O surgimento de uma barreira deveria ser um dos primeiros eventos para a progressão para a vida. As células atuais apresentam uma membrana celular composta por uma barreira dupla, a membrana fosfolipídica.

O avanço no conhecimento da estabilidade das macromoléculas biológicas permite estabelecer algumas proposições gerais em relação às restrições dimensionais para a emergência de uma membrana celular funcional.

Os fosfolipídios apresentam uma estrutura molecular formada por duas cadeias carbônicas longas e hidrofóbicas, ligadas por uma unidade de glicerol ligado a um grupo fosfato que pode ligar outro grupo capaz de interagir fortemente com a água.

As soluções destas classes de moléculas agregam-se espontaneamente em água, formando estruturas em bicamadas, chamadas vesículas. As propriedades físico-químicas de fosfolipídios demonstraram que o tamanho da cadeia carbônica deve ser maior do que oito átomos de carbono para a formação de vesículas,[142][143] e cadeias de 10-12 átomos de carbono são muito fluidas e com tendência a formar estruturas esféricas chamadas micelas. As cadeias mais comuns estejam entre 16 a 18 átomos de carbono, o que leva a uma região hidrofóbica de espessura de 3 nm,[144] que fecha com as dimensões das cadeias de alfa-hélice (3 nm e 20 resíduos de aminoácidos) das enzimas transmembrana.[145] Variações no comprimento da cadeia carbônica, presença de ligações duplas na cadeia, incorporação de colesterol levam a variações na espessura da membrana.

Qualquer químico sabe a importância do confinamento das reações e procedimentos realizados em laboratório: tubos de ensaio, béqueres, balões de reação são utilizados rotineiramente para que não haja a dispersão dos reagentes químicos e sua diluição pelo ambiente.

Membranas de extremófilos

Os seres do reino Archaea foram inicialmente classificados junto com algas ou bactérias, porém um estudo estrutural mostrou diversas analogias entre estes seres e diferenças com vegetais e bactérias.

Um dos pontos observados foi a diferença estrutural da membrana celular, que nos seres do reino Archaea é formada por éteres do glicerol com cadeias carbônicas derivadas do isopreno, cuja estrutura geral está mostrada abaixo.

As duas cadeias lipofílicas da bicamada de seres que vivem em altas temperaturas ligam-se covalentemente e formam uma cadeia com grupos hidrofílicos em cada ponta. O resultado é a diminuição dos movimentos de rotação em torno das ligações carbono-carbono e um ganho em rigidez estrutural da membrana.

Estes seres têm a presença do glicerol em comum com Bacteria e Eucharia, porém a estereoquímica do glicerol é inversa daquela encontrada em outros organismos, o que sugere que a utilização de enzimas completamente diferentes daquelas utilizadas em bactérias e eucariontes. Esta diferença tem sido apontada como uma evidência para uma rápida diferenciação do reino Archaea com os outros reinos na história da vida.[146]

Concluiu-se que a rota de síntese do glicerol-1-fosfato não havia sido definida. Porém, a síntese da parede celular deve preceder outros eventos celulares e o glicerol fosfato é um dos tijolos fundamentais para a síntese das estruturas das membranas, logo as suas reações deveriam já estar definidas para um ancestral comum. Esta contradição entre e a diferenciação do reino Archaea e a pré-necessidade do glicerolfosfato para a construção da membrana não foi resolvida até o momento.

Ácidos graxos

As membranas celulares de bactérias, animais e vegetais são constituídas por fosfolipídios, formados por ésteres de ácidos graxos, glicerol e um grupo fosfato, cuja função é ancorar grupos que interage fortemente com a água como colina ou etanolamina. As longas cadeias carbônicas funcionam como barreiras para que a água e os nutrientes não entrem ou saiam forma descontrolada.

Os ácidos graxos apresenta a mesma dicotomia reduzido-oxidado que ocorre nos aminoácidos, em que a cadeia carbônica é formada por ligações C-C e C-H, o que levam ao carbono a estados de oxidação baixos (C-CH_2-C – Nox = -2), enquanto a extremidade do ácido apresenta número de oxidação alto (C-CO_2H – Nox = +3).

palmitato

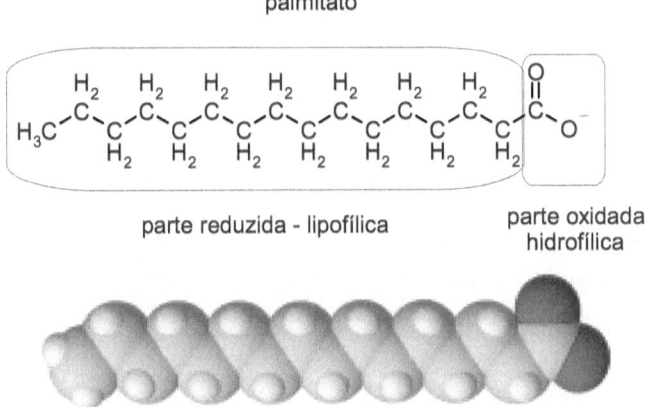

parte reduzida - lipofílica   parte oxidada hidrofílica

A cadeia de carbonos reduzidos não interage com a água e por isso é "rejeitado", enquanto o grupo carboxilato (COO⁻) interage por ligações de hidrogênio, especialmente em pH maior que 5, quando está na forma com a carga negativa.

Os ácidos graxos mais comuns apresentam uma distribuição estreita de número de carbonos, com 14, 16 ou 18 átomos de carbono, e as ligações entre os carbonos podem ser todas simples ou algumas são duplas. Estas ligações duplas estão posicionadas no meio da cadeia, entre os carbonos 9 e 10, e no caso de uma segunda dupla ligação, entre os carbonos 12 e 13.

A biossíntese dos ácidos graxos é realizada em uma máquina molecular, constituída de diversas unidades enzimáticas, como uma linha de montagem, onde uma enzima central liga a estrutura do ácido graxo que vai ser sintetizado e dois carbonos são adicionados por ciclo, pela introdução de unidades de acetil-CoA.

Após a transferência dos dois carbonos ao ácido graxo em construção, ocorre um ciclo de reações, envolvendo a adição de um par de hidrogênios (requer NADPH e H⁺), desidratação e adição de outro par de hidrogênios (mais NADPH e H⁺). Quando a reação termina, ocorre a hidrólise da ligação tioéster e o ácido graxo é liberado.

Esta sequência de reações permite que apenas cadeias lineares sejam sintetizadas sem ramificações na estrutura, evidenciando uma especificidade nesta reação, sem o qual o produto não teria utilidade.

Um eventual raciocínio envolvendo tentativa e erro levaria à síntese de ácidos graxos com ramificações, termodinamicamente mais estáveis, contudo, não formariam as estruturas organizadas e fluidas das membranas celulares.

Da mesma forma, uma hipotética formação de ácidos graxos a partir de moléculas mais simples certamente levaria a cadeias ramificadas, inúteis do ponto de vista da agregação para a formação de membranas.

A síntese abiótica de ácidos graxos foi obtida em um experimento através da reação de Fischer-Tropsch, a partir de monóxido de carbono e hidrogênio, contudo estudos mais aprofundados revelaram que os ácidos graxos se originaram em reações em fase gasosa, sobre as superfícies da autoclave de aço seca e não na solução hidrotermal.[147]

Outros lipídios

Os hopanos são lipídios derivados de membranas celulares de algas azuis e bactérias e estão presentes nos sedimentos marinhos. A sua presença e modificações indicam a maturação dos sedimentos, e por isso são usados como biomarcadores. A estrutura típica está mostrada abaixo.

A presença de derivados do esqueleto hopano com a estrutura 2-alfa-metilhopanos foi encontrada em xistos datados de 2,7 Ga em Pilbara, Austrália, e sua presença foi relacionada com a biossíntese em condições anaeróbicas, e sua presença indicaria uma evolução dos micro-organismos de condições anaeróbicas para aeróbicas, que teria ocorrido nesse período. O caminho para a síntese destes esqueletos hopanóides vem do IPP (isopentenilpirofosfato) e DMAPP (dimetilalilpirofosfato), com pequenas variações na ordem de fosforilação entre Eucariontes e Archaea.

Contudo, foi demonstrado que o Geobacter sulfurreducens pode sintetizar 2-alfa-metilhopanos em condições estritamente anaeróbicas[148], ou seja, não serve como evidência.

8 - Nucleobases

Atribui-se ao DNA a chave para a informação genética, pela codificação da sequência primária em enzimas. O DNA é um polímero, composto pela repetição de quatro unidades de nucleotídios: adenosina (A), timidina (T), citidina (C) e guanosina (G).

As funções dos nucleotídios vão além da informação. O ATP e GTP atuam na ativação de ligações químicas, formando intermediários reativos, os cofatores NAD, FAD, SAM e coenzima-A também apresentam nucleotídios na estrutura.

A estrutura de cada nucleotídios é composta de uma base nucleica baseada na purina ou na pirimidina, um açúcar e um fosfato. No DNA as bases são a adenina, guanina, citosina e timina, enquanto no RNA a timina é substituída pelo uracil, assim como o açúcar do RNA é a ribose, enquanto no DNA é a deoxiribose.

adenina   guanina   purinas

citosina   timina   uracil   pirimidinas

ribose   deoxiribose

As bases nucleicas púricas (derivadas da purina) e pirimídicas (derivadas da pirimidina) apresentam uma estrutura planar, rica em nitrogênio e são relativamente estáveis. Por exemplo, a citosina degrada em uracil com um tempo de meia-vida de 17.000 anos e a guanina forma xantina com uma meia-vida de 1.300.000 anos a 0° C e pH 7,0.[149].

A estabilidade destas moléculas condiz com o seu uso no armazenamento de informação biológica, e são muito maiores do que para a ribose e outros carboidratos, porém são breves quando comparadas com a escala biológica.

Muitos apontam o tempo como o remédio para o surgimento das moléculas da vida, porém se assemelha mais ao seu carrasco, e a degradação destas moléculas forma produtos que são inúteis para o surgimento de biomoléculas.

Síntese prebiótica das bases nucleicas

A hipótese do mundo RNA, a importância das bases nucleicas em diversos cofatores como ATP e coenzima A motivaram a busca de reações de síntese das bases nucleicas a partir de moléculas simples. A primeira síntese da adenina neste contexto foi reportada em 1960[150] a partir de soluções concentradas de cianeto de amônia (NH_4CN), com rendimentos baixos de adenina (< 1 %) e formação de diversos outros produtos que não foram identificados. Experimentos semelhantes[151] àqueles realizados por Urey e Miller também formaram traços de adenina e guanina, provavelmente resultado de reações a partir de HCN.

A fórmula da adenina $C_5H_5N_5$ é composta de dois anéis alternando átomos de C e N, e pode ser vista como produto da condensação de cinco unidades de HCN.

$$5 \ H{-}C{\equiv}N \longrightarrow$$

As condições empregadas nestas primeiras sínteses utilizaram soluções muito concentradas de NH_4CN, que não seriam realistas. Um problema para explicar esta rota de síntese é o ponto de ebulição do HCN, menor do que a água, o que impediria sua concentração em pequenas porções de água, ou seja, não é possível especular que houvesse um acúmulo pré-biótico de HCN em algum lago. Além disso, o HCN hidrolisa espontaneamente para formamida ($HCONH_2$) em uma velocidade maior do que a sua polimerização. A formamida sofre nova hidrólise gerando ácido fórmico (HCOOH) e amônia (NH_3).

$$H{-}C{\equiv}N \xrightarrow{H_2O} \quad \quad \xrightarrow{H_2O} \quad \quad + \ NH_3$$

| ácido cianídrico | formamida | ácido fórmico | amônia |

Levando em conta as reações que consomem HCN, estimou-se[152] que a concentração de HCN no oceano oscilaria entre 10^{-12} mol/L a 100° C e 10^{-6} mol/L a 0° C, o que impediria a síntese de purinas por polimerização de HCN. Estas mesmas restrições de concentração seriam aplicadas em sistemas hidrotérmicos.[153]

Rotas abióticas para a síntese da citosina envolvem a condensação entre produtos de reações da cianamida e cianoacetileno com ureia,[154] reagentes instáveis e incompatíveis com um sistema em equilíbrio químico. Estas reações precisam ser controladas quando ao tempo, temperatura e concentrações para evitar a degradação da citosina recém-formada. Por exemplo, a ureia deve estar em alta concentração para que a reação ocorra, o que poderia ter resultado de lagoas secando até concentrar ureia, conforme uma hipótese de Robert Shapiro. Porém o mesmo autor considerou[155] que a lagoa teria que ter se tornado uma pequena poça, sem qualquer perda de seus componentes, uma condição que não existe na Terra atualmente. Mesmo que em algum momento estes produtos sejam formados, suas concentrações seriam insignificantes, o que tornaria a sua condensação impraticável.

A condensação de formamida a 160° C na presença de sílica (SiO_2) e alumina (Al_2O_3) forma adenina e citosina com rendimentos máximos de 0,9 e 4,2%, respectivamente.[156] Novamente, não existem evidências para a presença de formamida no ambiente pré-biótico, e se houvesse, seria hidrolisada. O uracil apresenta diversas possíveis rotas envolvendo ureia, aminoácidos,[157] derivados do acetileno.[158] Segundo as pesquisas realizadas pelo autor, a timina não apresenta rota de síntese abiótica.

Diversos cenários foram criados para dar suporte à síntese do RNA: lagos glaciais congelados, lagos de montanha, fluxos fluidos, aquíferos vulcânicos ou um oceano inteiro, que pode estar congelado ou aquecido, conforme a necessidade, que poderiam ter surgido em uma Terra primitiva. Shapiro compara a um jogador de golfe que completou o campo de 18 buracos e agora assume que a bola pode completar o circuito na sua ausência. Pronto! O jogador demonstrou a possibilidade de ocorrer os eventos. Somente é necessário que uma combinação das forças naturais (terremotos, ventos, tornados e enchentes) possa produzir o mesmo resultado, se for dado tempo suficiente.

A síntese pré-biótica das nucleobases foi obtida em baixas quantidades e condições que na sua maior parte não são compatíveis com as condições que remontam ao início do planeta.

Em resumo, todas as evidências acumuladas são contrárias à síntese pré-biótica nas quantidades mínimas para sustentar a síntese dos polímeros da vida.

Bases complementares

O fundamento da replicação do DNA é a formação de pares de bases que interagem por ligações de hidrogênio (ou pontes de hidrogênio) entre as bases. Existe uma relação complementar de tamanho e de posição entre os grupos que interagem. A adenina e a guanina são derivadas da purina, com uma estrutura maior, enquanto a timina e citosina são derivadas da pirimidina, mais curta.

Para cada grupo doador de ligação de hidrogênio – N-H ou O-H é necessário um receptor de ligação de hidrogênio C=N ou C=O. Os grupos capazes de interações por ligação de hidrogênio da adenina estão posicionados para interagir com os grupos da citosina, enquanto os grupos da guanina estão posicionados para interagir com os grupos da citosina, conforme o esquema a seguir.

A - T   G - C

A adenina forma duas ligações de hidrogênio com a timina, enquanto a citosina forma duas ligações de hidrogênio com a guanina. Veja que a complementaridade entre grupos doadores e receptores de ligação de hidrogênio é perdida com a combinação entre diferentes pares, como A-C e G-T.

A formação de uma ligação de hidrogênio estabiliza o agregado entre 3 a 5 kcal/mol, assim o par formado entre A-T é 8-10 kcal/mol mais estável do que as moléculas separadas e o par C-G é 12-15 kcal/mol mais estável.

Esses valores não são altos quando comparados com interações entre cargas positivas e negativas. Entretanto, se fossem maiores não ocorreria a abertura da cadeia do DNA para a transcrição. O fator que mantém a fita de DNA unida é o grande número destas ligações na cadeia, e as enzimas que abrem a fita do DNA atuam como o fecho de um zíper, abrindo os "dentes" do zíper um pouco por vez.

A água também é capaz de interagir como doadora e receptora de ligações de hidrogênio, e por isso a estrutura do DNA deve isolar a água da região em que as bases interagem. Este isolamento é feito por uma superfície externa de ésteres fosfóricos de carga negativa, que interagem fortemente com a água e unem os nucleotídios, seguida por uma unidade deoxiribose, que não interage com a água e pelas bases nucleicas, cuja estrutura planar rígida faz com que os grupos que interagem fiquem voltados um para o outro no DNA.

nucleosídio : nucleobase + açúcar

nucleotídio : nucleobase + açúcar + fosfato

nucleobase

fosfato

deoxiribose

adenina

citosina

ligação
fosfodiester

A hidrólise parcial do DNA revelou suas unidades poliméricas, chamadas de nucleotídios e a análise destes mostrou que são constituídos por unidades de nucleobases, deoxiribose e fosfatos.

O acidente congelado

Após o anúncio da descoberta da estrutura do DNA em 1953, iniciou o debate sobre a sua possível evolução. O fato que o mesmo código estava presente em espécies muito diferentes levou à conclusão de que o código deveria estar presente no ancestral comum. O DNA surgiu cedo e permaneceu o mesmo até hoje.

Como tal código, com essa complexidade poderia ter surgido tão cedo na história da vida? O laureado Nobel de Física Francis Crick escreveu em 1968,[159] "não existe nenhuma razão para crer, todavia, que o código atual é o melhor possíve, e ele poderia facilmente ter atingido sua forma presente por uma sequência de felizes acidentes." Um livro-texto largamente utilizado em biologia molecular afirma "o código parece ter sido selecionado arbitrariamente",[160] enquanto outro livro sobre evolução[161] explica "o código é o que Crick chamou de acidente de congelamento, porém uma vez que evoluiu, deveria ser fortemente mantido".

Porém, o arranjo do DNA apresenta capacidades únicas de minimização de erros de leitura e mutações. Outros códigos foram propostos e sintetizados, mas o DNA apresenta uma combinação de diversas funções diferentes simultaneamente,[162] tanto que Freeland afirma que o DNA é um código em um milhão.[163]

Aspectos químicos da biossíntese de nucleotídios

A ligação entre o açúcar e a base ocorre entre o carbono-1 do açúcar e o nitrogênio N-9 da purina e o nitrogênio N-1 da pirimidina. A formação dessa ligação é um grande desafio do ponto de vista químico, porque o grupo OH do carbono-1 é pouco reativo, quando comparado ao grupo OH ligado ao C-5 da ribose. Assim, qualquer reação deveria ocorrer muito mais rápido em C-5 do que em C-1.

E a química para os seres vivos não é diferente. A reação total inicia com uma fosforilação da ribose, sobre a hidroxila de C-5, que é mais reativa, e na sequência ocorre a reação entre a hidroxila de C-1 e um ATP, transferindo um difosfato.

PRPP

A fosforilação da ribose apresenta problemas relativos à regiosseletividade da reação. O carbono primário (C-5) é usualmente o mais reativo, enquanto o carbono de C-1 é o menos reativo, porém a formação da ligação entre o açúcar e a base nucleica ocorre justamente por C-1. Desta forma, a primeira fosforilação ocorre em C-5, pela transferência de fosfato e depois ocorre uma segunda fosforilação, agora com difosfato em C-1. O grupo difosfato

As próximas etapas revelam uma estratégia surpreendente do ponto de vista da química. A reação da base com o açúcar fosforilado ocorre através de vários intermediários, sendo que a lógica química seria que o açúcar ativado reagisse com uma base e formaria diretamente o nucleosídio (base + açúcar), porém a baixa reatividade da posição de C-1 requer uma sequência de 11 passos até o inosilato, que é o precursor do adenilato e do guanilato.

A primeira etapa é a transferência de um grupo NH_2 de uma glutamina, formando um intermediário muito instável, a 5-fosforibosilamina, com uma meia vida de 30 s a pH 7,5.

A sequência sintética é complexa, e por isso a purina é uma colcha de retalhos. Os nove átomos do núcleo de purina vêm de sete moléculas diferentes: duas unidades de aminoácido glutamina fornecem dois nitrogênios, duas unidades de formiato fornecem dois carbonos, outro carbono vem de um dióxido de carbono e um nitrogênio vem de um aminoácido aspartato.

Para a biossíntese da purina, é necessário um metabolismo de aminoácidos definido, bem como a síntese do formiato e a captura de CO_2, isso sem contar uma multitude de enzimas necessárias para todas transformações.

É muito claro que esse caminho não teria sido o caminho inicial da síntese abiótica da purina. Se a purina fosse tão disponível como sugerem as publicações, por que uma via metabólica complexa para a sua síntese?

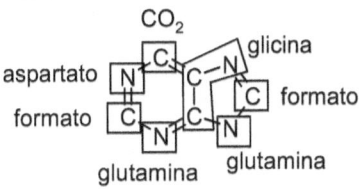

A síntese dos nucleosídios de pirimidinas (C, T e U) utiliza a reação do PRPP com o orotato, sintetizado a partir do aminoácido ácido aspártico.

Aqui temos um grande desafio que ainda não foi solucionado, embora anéis com purina e pirimidina tenham sido detectados em experimentos que tentavam simular uma atmosfera primitiva, não existe o menor indício sobre a forma que essas moléculas se ligaram à ribose para formar o nucleosídio. As evidências químicas mostram que a construção dessa ligação não ocorre de foma natural, e que os seres vivos usam uma rota extremamente complexa, utilizando materiais em pequenas concentrações em que a síntese espontânea desses materiais não ocorre, por restrições cinéticas e de reatividade.

Mundo RNA

Existem duas linhas principais que postulam o início da vida: uma que privilegia as reações que geram energia, conhecida como "metabolism first" ou metabolismo inicial e outra que privilegia a geração de informação, chamada de "RNA world", ou mundo RNA.

As duas ideias iniciais têm muitos pontos em questão, e não se pode dizer que estes tenham sido resolvidos ou estarem próximos da resolução. Mas porque existem esses dois pontos de vista?

A evolução como teoria supõe uma acumulação gradual de habilidades, e o surgimento instantâneo de um ser com diversas habilidades ao mesmo tempo foge dessa teoria. No início dos anos 1980, Thomas Cech e Sidney Altman[164] descobriram que algumas moléculas de RNA podem atuar como enzimas. Esse fato junta a função do RNA na replicação à catálise, e postula que este tenha sido o primeiro passo na formação de seres vivos.

Podemos considerar que o RNA é formado por uma das quatro bases nucleicas - citosina, guanidina, adenina e uracilo - ligada a uma ribose e um grupo fosfato, e o fosfato une as unidades de ribose, resultando no polímero. Assim para formar o RNA são necessárias três componentes: base nucleica, ribose e fosfato.

As enzimas baseadas na estrutura do RNA são conhecidas como ribozimas, e as reações que catalisadas pelas ribozimas são a clivagem e síntese de tiras de RNA e DNA.[165] As reações de síntese de RNA são de especial interesse, porque estão conectadas à replicação.

Os defensores do "RNA World" defendem que após a síntese pré-biótica do RNA, a seleção natural iniciou a sua influência evolutiva, levando a uma maior complexidade e algo semelhando à vida. A partir deste ponto, houve o desenvolvimento das rotas metabólicas, somando a capacidade de replicação e geração de energia.

Existem muitos saltos a serem explicados nessa teoria: entre a química pré-biológica e o mundo RNA: a síntese da ribose, a síntese das bases nucleicas, a disponibilidade dos fosfatos e a junção entre as partes.

A primeira crítica já havia sido posta anteriormente na dificuldade da síntese da ribose e das nucleobases. O RNA é uma molécula bastante complexa e que também requer a presença de diversos blocos de partida pré-sintetizados, e a formação de alguns desses blocos e sua junção apresenta problemas difíceis de resolver do ponto de vista químico.

Para que ocorra a condensação entre as espécies é necessário que a sua concentração seja alta, porque algumas destas reações são desfavorecidas termodinamicamente.

Todas essas sínteses apresentam problemas a partir das moléculas iniciais, e sua ausência atual na atmosfera, na água força a uma situação em que se utilizam condições naturais que não estão mais presentes. Um artigo de Benner, menciona problemas relacionados com a síntese do RNA, que alguns pesquisadores do campo chamaram "um pesadelo do químico prebiótico"[166]

1. O problema do asfalto, que reflete a propensão das moléculas orgânicas em formar misturas complexas, especialmente a ribose e carboidratos precursores; [167]

2. o problema da água, refletindo a instabilidade termodinâmica da maioria das ligações no RNA em respeito à hidrólise em água;

3. o problema do fosfato, que vem da necessidade de fósforo disponível para a cadeia do RNA;[168]

4. o problema da concentração, que reflete a necessidade de quantidades substanciais dos monômeros precursores do RNA.

Para contornar o segundo problema, os pesquisadores da área sugerem que as bases tenham surgido em locais desérticos, em ausência de água, com lagos (ou poças) de formamida. Contornar o problema do fosfato requer um pouco mais de imaginação, porque as quantidades de cálcio (quinto elemento na ordem de abundância na crosta) são muito maiores do que o fosfato e o cálcio remove todo o fosfato do ambiente por precipitação.

Um artigo recente[169] sugeriu a participação de minerais raros como a lüneburgita $Mg_3[B_2(OH)_6(PO_4)_2]$, encontrado em apenas seis lugares do mundo, um evaporito formado na evaporação de minerais com fosfato e borato. Uma mistura entre a uridina (nucleosídio formado entre ribose e uracilo) e a lüneburgita foi aquecida a 85° C para eliminação da água, resultando na uridina-1-fosfato em 15%, eliminando o problema de polifosforilação.

complexo ribose-fosfato

citidina:
citosina + ribose

complexo citosina-borato
com posições bloqueadas
para a fosforilação

citosina fosforilada

A lüneburgita está associada ao guano, material formado por fezes de pássaros marinhos, e sua origem vem da decomposição de matéria orgânica em ambiente redutor.[170] Seria um contrassenso utilizar este material para investigação de pesquisas de origem da vida.

Porém os problemas químicos vão além daqueles apontados por Benner. Os componentes do RNA: bases nucleicas, açúcares e o fosfato necessariamente deveriam ser sintetizados em condições distintas um do outro, pela interferência na reatividade um do outro. Se eles são formados em locais secos e distintos, como podem reagir entre si?

Por exemplo, o cianeto forma cianidrinas com o formaldeído, consumindo esse reagente que levaria à síntese de açúcares via formose. Da mesma forma, a amônia levaria à ruptura dos polifosfatos que seriam necessários para a síntese das ligações fosfodiéster.

As condições de polimerização dos nucleotídios para a formação das tiras de RNA também são problemáticas. Os melhores resultados foram obtidos em experimentos com um grupo de argilas com atividade catalítica, as montmorilonitas, formadas a partir de cinzas vulcânicas com água, têm sido reportados como efetivos no crescimento de nucleotídios ativados.

A reação de nucleotídios ativados com fosforilimidazol (confirmar), na presença de metais como chumbo e urânio, formou oligômeros de RNA com 35-40 unidades em 24 horas.[171]

O crescimento da cadeia aumenta em temperaturas mais baixas, a -18° C, em uma fase com gelo.[172] Este efeito é o resultado da diminuição da velocidade de quebra das ligações fosfodiéster presentes no RNA com a diminuição da temperatura, o que permite a acumulação de cadeias maiores. Quando a temperatura aumenta, a instabilidade do RNA aparece novamente e a cadeia diminui de tamanho e o efeito da argila e das baixas temperaturas ocorre justamente neste ponto, na diminuição da velocidade da hidrólise pelas interações com o RNA. Assim que o RNA deixa a argila, sofre hidrólise e retorna aos nucleotídios de origem.

É possível afirmar que apesar de todo o esforço dos pesquisadores da área, não existe um caminho viável para a junção da ribose e nucleobases, nem para a polimerização do RNA e também não existe uma forma convincente para a estabilização do RNA. O desenvolvimento da pesquisa na ciência claramente refuta as tentativas de construção do "RNA world".

Outras moléculas

A hemoglobina e a clorofila apresentam quatro anéis nitrogenados ligados entre si, com funções semelhantes: atuar como ligante rico em elétrons para ligar metais. Enquanto a hemoglobina tem ferro como metal, a clorofila tem magnésio.

Estes dois anéis são formados por pirróis, e os resultados para uma plausível síntese abiótica são parcos. A tentativa mais consistente[173] relata o uso de sais de aminoácidos para a obtenção de pirróis, submetidos à temperatura de 350° C, com a ideia de simular a presença de rochas com lava, e executados na ausência de oxigênio, levando a rendimentos muito baixos. Porém os autores relatam apenas na parte experimental o uso de nitrito de sódio em meio ácido, sem a devida consideração sobre a sua influência sobre a reação. O nitrito de sódio reage com compostos com grupos amino (o aminoácido) e formam sais de diazônio, que são muito mais reativos, porém o nitrito de sódio é uma espécie oxidada de nitrogênio e não é um sal plausível em condições da Terra primitiva.

9- Energia

Podemos reconhecer distintas formas de energia em nosso ambiente. Sabemos que um corpo é atraído em direção ao centro da Terra, e quando uma pedra se solta e rola montanha abaixo, a energia gravitacional é transformada em uma energia associada ao movimento chamada energia cinética, e quando a pedra atinge um novo estado de repouso em uma nova situação estável, esta energia cinética é liberada e transferida ao ambiente em forma de calor. Para retornar esta pedra ao seu estado inicial é preciso usar energia externa.

O movimento requer energia, que pode estar disponível como energia térmica, química ou elétrica. Uma das definições para energia está justamente relacionada à capacidade de realizar movimento: "energia é a capacidade de realizar trabalho".

A energia elétrica vem da diferença entre estados de energia de elétrons, que fluem espontaneamente da energia mais alta para a energia mais baixa, e neste caminho é possível utilizar esta energia para mover uma máquina. A energia química vem da diferença de energia entre reagentes e produtos. Por exemplo, a combustão do metano, principal componente do gás natural, libera calor para aquecer o ambiente ou mover um motor à combustão.

$$CH_4 + 2\,O_2 \longrightarrow CO_2 + 2\,H_2O + \text{energia}$$

O fundamento para essa liberação energética vem da estabilidade relativa entre produtos e reagentes. Neste caso, relacionamos com as ligações químicas presentes no lado dos produtos, que têm menor energia do que as ligações químicas do lado dos reagentes e esta diferença pode ser utilizada para gerar trabalho ou aquecimento.

A unidade no SI é joule (J), correspondente à energia necessária para mover um objeto por um metro contra uma força de 1 Newton (1 J = 1 N.m). A unidade "caloria" está relacionada à energia térmica, definida como a quantidade de calor necessária para aquecer 1 grama de água de 24° C para 25° C, sendo que 1 cal = 4,18 J. As unidades de energia refletem uma dicotomia entre movimento (N.m) e temperatura (cal)

A entrada de energia para o planeta é o Sol, no qual ocorrem reações nucleares de fusão de hidrogênio, que geram energia radiante e na Terra é capturada por algas e plantas em energia química, utilizada no seu crescimento e metabolismo. Esta energia é utilizada pelos seres heterótrofos para o seu crescimento e metabolismo.

As formas de energia podem ser energia térmica, radiante, eletromagnética, nuclear, mecânica, cinética e potencial.

Princípios da Termodinâmica

As trocas de energia são reguladas pelas leis da termodinâmica, e os seres vivos não escapam dessas leis. O princípio fundamental da Termodinâmica, chamado de "Princípio Zero": *Se dois corpos A e B estão separadamente em* equilíbrio térmico *com um terceiro corpo C, então A e B estão em equilíbrio térmico entre si"* permite definir as escalas de temperatura, passando das sensações conceitos de quente e frio para uma definição quantitativa de uma escala de medida, estabelecida quando não existe mais variação de temperatura entre o corpo e um termômetro. A escala mais utilizada é a centígrada, que atribui o zero grau (0° C) à temperatura em que ocorre o congelamento da água e a cem graus (100° C) à temperatura de ebulição da água a 1 atm. A escala Kelvin considera o zero absoluto (-273,15° C) como ponto de partida, mas as divisões são as mesmas da escala centígrada.

A violação desta Lei leva a paradoxos: como um corpo quente e aumentando de temperatura entre corpos gelados e diminuindo a temperatura. Porém, existe um componente escatológico neste princípio da termodinâmica: um dia todo o universo (se for um sistema fechado) estará em uma mesma temperatura. Mas antes disso, com o apagar do sol, o nosso atual planeta também estará em uma mesma temperatura.

A Primeira Lei da Termodinâmica é conhecida como o "Princípio de Conservação de Energia", em que a energia fornecida a um sistema na forma de calor (Q) resulta em um aumento da energia livre (ΔU) mais o trabalho (W) realizado.

$$Q = \Delta U + W$$

Nem toda a energia pode ser aproveitada, ou seja, transformada em trabalho. Aliás, dificilmente a energia é aproveitada para trabalho. A energia que entra em um determinado sistema pode ter três destinos:

1)   transformação em outra energia – exemplo: energia luminosa transformada em energia química, como na fotossíntese;
2)   energia útil: energia efetivamente utilizada para realizar trabalho;
3)   aquecimento do sistema: a energia aumenta a agitação de átomos e moléculas, resultando no aumento da temperatura do sistema.

Esta última alternativa para a energia é o grande vilão para a vida, porque esta energia tende a equalizar a temperatura do sistema, e até do próprio universo, e não pode mais ser recuperada. No dia em que o universo estiver em uma mesma temperatura, não haverá mais a possibilidade de geração de trabalho útil.

Uma limitação da Primeira Lei é a impossibilidade de considerar a transformação da matéria em energia, demonstrada por Einstein com a equação $E = mc^2$, liberada na fissão nuclear do urânio e plutônio em uma usina nuclear ou na fusão nuclear que ocorre no Sol.

A segundo Lei introduz o conceito de entropia, uma das grandezas importantes da termodinâmica. Um dos enunciados da Segunda Lei da Termodinâmica é *"para que uma máquina térmica realize trabalho são necessárias duas fontes térmicas de diferentes temperaturas."*

O resultado prático é que o trabalho resulta do fluxo de energia entre dois estados diferentes: um de maior estado energético para outro de menor energético, e que parte dessa diferença de energia é dissipada na forma de aumento da temperatura do ambiente, que não pode mais ser utilizada. Essa dissipação reflete o termo da entropia.

"A Segunda Lei da Termodinâmica afirma que a quantidade de trabalho útil que você pode obter a partir da energia do universo está constantemente diminuindo. Se você tem uma grande porção de energia em um lugar, uma alta intensidade dela, você tem uma alta temperatura aqui e uma baixa temperatura lá, então você pode obter trabalho dessa situação. Quanto menor for a diferença de temperatura, menos trabalho você pode obter. Então, de acordo com a Segunda Lei da Termodinâmica, há sempre uma tendência para as áreas quentes se resfriarem e as áreas frias se aquecerem - assim cada vez menos trabalho poderá ser obtido. Até que finalmente, quando tudo estiver numa mesma temperatura, você não poderá mais obter nenhum trabalho disso, mesmo que toda a energia continue lá. E isso é verdade para TUDO em geral, em todo o universo."(Isaac Asimov em *The Origin of the Universe- ORIGINS: How the World Came to Be*, série em vídeo, Eden Communications,EUA, 1983.)

Qualquer processo que aumente a organização molecular de um sistema leva a uma diminuição da entropia e se opõe à espontaneidade do processo. Quando um saco de chá é adicionado à água quente, as substâncias do saquinho de chá passam para a água e se dissolvem nela. O processo reverso, ou seja, os componentes do chá retornam para o saco não ocorrem, assim o primeiro processo é espontâneo.

Se considerarmos a Terra como um sistema fechado, a entropia deve somente aumentar. A energia se dispersa e a matéria dilui, porém, a entrada da luz do Sol injeta energia, e a Terra é a verdade um sistema aberto e por isso muitos argumentam que existe uma compensação entrópica. Contudo, os mesmos eventos que são improváveis em um sistema fechado, também são em um sistema aberto.[174] De fato, podemos considerar a nossa xícara de chá como um sistema aberto, e as substâncias não retornarão ao saquinho não importa o tempo. A entropia em um sistema não-fechado pode diminuir, contudo não pode diminuir de forma mais rápida do que é exportada pelas fronteiras do sistema.

Energia Livre de Gibbs- transformações espontâneas e forçadas

A grandeza termodinâmica que relaciona a energia à pressão constante, chamada de entalpia, e a entropia é a energia livre de Gibbs, G, utilizada como critério para determinar se uma transformação química é espontânea ou forçada. A variação da energia livre entre dois estados pode ser calculada por

$$\Delta G = \Delta H - T\Delta S$$

em que ΔG é a variação de energia livre, ΔH é a variação de entalpia, T é a temperatura absoluta (em kelvin) e ΔS é a variação de entropia.se ΔG for negativo, o estado final terá menor energia do que o inicial e a variação é espontânea, e se for positivo o estado final tem maior energia, e a transformação requer a entrada de energia para ocorrer, e por isso é chamada de forçada. As transformações físicas e químicas espontâneas favorecem estados que favorecem as moléculas mais estáveis, e moléculas simples no estado gasoso, com o maior número possível de graus de liberdade de translação.

O cálculo de energia livre de Gibbos para um equilíbrio hipotético entre glicose, oxigênio, CO_2 e água:

$C_6H_{12}O_6$ (glicose)

reagentes: glicose $+ 6 O_2$; produtos: $6 CO_2 + 6 H_2O$ (g)

$\Delta G^{\circ}_r = -910,6$ kJ/mol $\Delta G^{\circ}_p = -3738$ kJ/mol

$\Delta G^{\circ}_r = -2.827,4$ kJ/mol ($= -676, 4$ kcal/mol)

O valor de ΔG°_r é o critério para determinar se uma reação é espontânea ou forçada (requer entrada de energia para ocorrer). No caso acima, a decomposição da glicose é fortemente espontânea e um cálculo da constante de equilíbrio a 25° C leva a valores de K_e da ordem de 10^{496}, completamente deslocado para o sentido dos produtos.

Analisando pelo lado oposto, a constante de equilíbrio para a formação da glicose a partir de dióxido de carbono e água é de $10^{-496} = 0,000(+ 490$ zeros) 001. Ou seja, mesmo que todo o universo fosse composto de CO_2 e H_2O, não haveria uma única molécula de glicose no equilíbrio acima.

Por sua vez, a glicose é o principal combustível metabólico, e a "caldeira" que queima a glicose é diferente de qualquer motor que conhecemos. Ela ocorre no interior de cada célula do corpo, operando a temperatura de 37° C, sem chama e sem fumaça. A energia desta maquinaria é utilizada para gerar "moedas energéticas", também de natureza química: moléculas de ATP e NADH. O ATP atua em diversas reações acopladas, que levam à síntese de novas moléculas, deslocamento através de membranas, contração muscular, entre outros.

Com uma certa dose de ironia, o primeiro passo da oxidação da glicose é uma fosforilação – adição de fosfato a um dos oxigênios e consome ATP, que é o alvo final da síntese. Veja as reações de fosforilação da forma cíclica da glicose.

glicose + fosfato → glicose-6-fosfato $\Delta G = 13,8$ kcal/mol

$ATP \longrightarrow ADP + $ fosfato $\Delta G = -30,5$ kcal/mol

glicose + ATP → glicose-6-fosfato + ADP $\Delta G = 13,8 -30,5 = -16,7$ kcal/mol

A fosforilação da glicose aumenta a reatividade para as reações seguintes e a aquisição de cargas negativas impede a saída da glicose pela membrana lipofílica.

Este é um dilema tipo ovo - galinha: o metabolismo da glicose requer ATP - trifosfato de adenosina (figura abaixo) para iniciar e as moléculas de ATP somente serão geradas nas etapas do Ciclo de Krebs e da fosforilação oxidativao fim do metabolismo. Quem começou primeiro: ATP ou glicose?

Oxidação e redução

Os átomos dos elementos da tabela periódica podem apresentar-se em diferentes formas, conforme o número de elétrons. O ferro no estado metálico não tem carga, está no estado de oxidação zero. Na ferrugem os estados de oxidação do ferro são $+2$ e $+3$, representando que o átomo de ferro perdeu dois ou três elétrons.

Se um átomo transfere um elétron, deve haver uma espécie química que recebe o elétron, e passa para um estado com mais elétrons. O cloro no estado gasoso é o Cl_2, neutro, com estado de oxidação zero, mas no sal de cozinha está na forma de Cl⁻, chamada de cloreto, com um elétron a mais.

O cloreto ferroso, $FeCl_2$, é o sal formado pelo ferro no estado +2 e dois cloretos no estado -1, resultando na neutralidade do sal, embora seja formado por espécies com carga positiva e negativa.

As reações que envolvem transferência de elétrons entre as espécies químicas são chamadas de reações de oxi-redução, e envolvem uma espécie que sofre oxidação e "perde" elétrons, enquanto outra sofre redução e "ganha" elétrons. Para racionalizar as reações, se utilizam as semi-reações, em que uma espécie química libera elétrons e outra captura os elétrons liberados pela primeira. Os elétrons liberados pelo ferro metálico são utilizados pelo cloro (Cl_2) para formar dois ânions cloreto (Cl⁻), conforme o esquema abaixo.

$$Fe^{+2}_{(aq.)} + 2e^- \rightarrow Fe^0 \quad E^o = +0,44 \text{ V}$$
$$Cl_{2(g)} + 2e^- \rightarrow 2\,Cl^- \quad E^o = +1,358 \text{ V}$$

Para quantificar a tendência de transferência de elétrons entre uma espécie química e outra, foi criada uma tabela de potenciais de redução, que é uma coleção de semi-reações. Quanto mais positivo for o valor, maior será a tendência de capturar o elétron e quanto mais negativo, maior a tendência de liberar um elétron. Uma lista mais completa pode ser encontrada na página https://en.wikipedia.org/wiki/Standard_electrode_potential_(data_page).

O gás natural é utilizado para o aquecimento residencial, na geração de calor em indústrias e para mover automóveis, e a razão do uso é a grande quantidade de calor liberada na reação de queima. O principal componente do gás natural é o metano (CH_4), e a reação de oxidação do metano por oxigênio libera energia, conforme a seguinte equação

$$CH_4 + 2\,O_2 \longrightarrow CO_2 + 2\,H_2O$$

A maior estabilidade das ligações C=O e O-H presentes nos produtos em relação às ligações C-H e O-O é o fundamento químico para a liberação de energia o equilíbrio para o sentido dos produtos.

Tabela 9: entalpia de dissociação de ligações químicas

ligação	$\Delta H_{diss.}$ (kcal/mol)
C-H	99
O=O	119
C=O	191
O-H	110

Ou seja, no equilíbrio a reação está totalmente direcionada para produtos e esse resultado mostra que as ligações C-H são termodinamicamente instáveis em uma atmosfera oxidante. A principal fonte de energia para os seres vivos é a oxidação de carboidratos que podemos representar com a forma geral $(H_2CO)n$, segundo a reação:

$$(H_2CO)_n + n\,O_2 \longrightarrow n\,CO_2 + n\,H_2O$$

O carbono passa do estado de oxidação 0 para o estado de oxidação +4 no dióxido de carbono. A reação inversa é a síntese de carboidratos a partir de dióxido de carbono e água.

$$n\,CO_2 + n\,H_2O \longrightarrow (H_2CO)_n + n\,O_2$$

Além do oxigênio, o sulfato, nitrato e nitrito são utilizados por organismos do reino Archaea e bactérias na oxidação do metano de emanações marinhas e de hidrato de metano dos bancos marinhos:

$$CH_4 + SO_4^{2-} \rightleftharpoons HCO_3^{2-} + HS^- + H_2O$$

$$CH_4 + NO_3^- \rightleftharpoons CO_2 + 4\,NO_2^- + 2H_2O$$

$$CH_4 + 8\,NO_2 + H^+ \rightleftharpoons 3\,CO_2 + N_2 + 10\,H_2O$$

As emanações atraem moluscos que se alimentam do plâncton e a liberação e o dióxido de carbono forma carbonato de cálcio em meio básico, e os sedimentos marinhos formam uma camada de sedimento, que após alguns meses de deposição contínua atraem vermes siboglinidae, que vivem de forma simbiótica com bactérias que metabolizam sulfeto de hidrogênio (H_2S).

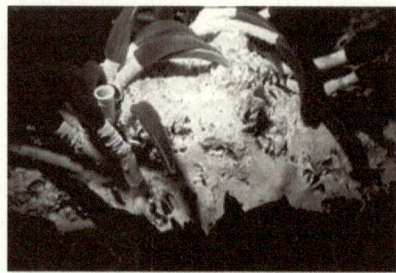

Figura 25: vermes siboglinidae

A demanda energética para a redução do dióxido de carbono a partir da água pode ser compreendida conforme a semi-reação de oxidação da água:

$$2\,H_2O \rightarrow O_2 + 4\,H^+ + 4e^- \qquad E^0 = -1,23\ V$$

Os elétrons liberados são utilizados para as reações de redução de CO_2. Os valores de potenciais termodinâmicos de redução do CO_2 versus o eletrodo padrão de hidrogênio a

25°C em solução aquosa a pH = 7 a 1 atm de pressão do gás estão mostrados a seguir.

$$CO_2 + 2 H^+ + 2 e^- \rightarrow CO + H_2O \qquad E^0 = -0,53 \text{ V}$$
$$CO_2 + 2 H^+ + 2 e^- \rightarrow HCO_2H \qquad E^0 = -0,61 \text{ V}$$
$$CO_2 + 4 H^+ + 4 e^- \rightarrow HCHO + H_2O \qquad E^0 = -0,61 \text{ V}$$
$$CO_2 + 6 H^+ + 6 e^- \rightarrow CH_3OH + H_2O \qquad E^0 = -0,38 \text{ V}$$
$$CO_2 + 8 H^+ + 8 e^- \rightarrow CH_4 + 2 H_2O \qquad E^0 = -0,24 \text{ V}$$
$$CO_2 + e^- \rightarrow CO_2 \qquad E^0 = -1,90 \text{ V}$$

As reações que envolvem a múltipla transferência de prótons e elétrons são cineticamente desfavorecidas. A transferência de um elétron é a mais desfavorecida termodinamicamente, pela instabilidade do ânion CO_2^-, que apresenta uma geometria curva menos estável. As transferências multieletrônicas acopladas a transferências de próton são menos desfavorecidas, porém são cineticamente lentas. [175] A redução para o formaldeído, que é o estado 0 de oxidação do carbono, presente nos carboidratos pode ser montada utilizando a semi-reação de redução do CO_2 e a oxidação da água.

$$CO_2 + 4 H^+ + 4 e^- \rightarrow HCHO + H_2O \qquad E^0 = -0.61 \text{ V}$$
$$2 H_2O \rightarrow O_2 + 4 H^+ + 4e^- \qquad E^0 = -1,23 \text{ V}$$
$$CO_2 + 2 H_2O \rightarrow HCHO + O_2 \qquad E^0 = -1,84 \text{ V}$$

O cálculo da energia livre da reação dá $\Delta G = - n F E = -4$ mol elétrons. 96500 C/ mol elétron. -1,84 V = 710 kJ = 170 kcal/mol de reação e a constante de equilíbrio seria de K_e = $e^{-85.550}$. Esta constante é extremamente baixa, algo como 0,0(35.800 zeros)01.
A reação não é espontânea e requer uma grande quantidade de energia para ocorrer, o que significa que a reação inversa é espontânea, ou seja, a oxidação de formaldeído na presença de oxigênio libera 170 kcal por mol de formaldeído nas condições padrão.

A fotossíntese mais simples

As reações termonucleares produzem a excitação dos átomos de hidrogênio e hélio e a luz emitida atinge os planetas do Sistema Solar. Moléculas orgânicas e íons metálicos são capazes de absorver esta luz, através da excitação eletrônica, porém a forma mais comum de retornar ao estado inicial se dá através de calor, que não produz trabalho útil. O acoplamento desta absorção com um processo químico permite o aproveitamento desta energia. A fotossíntese é a forma que os seres vivos utilizam a luz para a produção de energia e síntese de moléculas orgânicas.

As rodopsinas são um grupo de enzimas que absorvem luz através de um grupo retinal[176] ligado covalentemente a uma enzima que se localiza na membrana celular, atravessando-a de um lado para outro. Enzimas que operam dessa forma são a bacteriorodopsina, a halorodopsina e as rodopsinas ligadas à visão. A estrutura é semelhante: sete hélices que atravessam a membrana criando um ambiente em cujo interior está um grupo retinal, que absorve luz para bombear prótons do lado de dentro para fora ou registrar o estímulo luminoso.

O retinal é um aldeído que apresenta propriedades cromóforas (de absorção de luz) na região da luz visível, cuja fórmula está mostrada abaixo e a fixação na rodopsina ocorre pela formação de uma ligação imina (C=N) com um resíduo do aminoácido lisina, que contém o grupo NH_2, conforme o seguinte esquema:

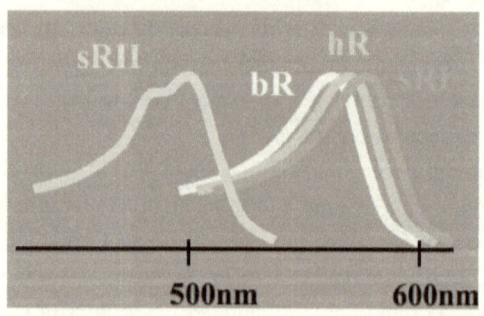

Esta reação apresenta alguns detalhes que a tornam interessante dentro da química orgânica: a ligação C=N é menos estável do que a ligação C=O, e por isso as iminas se formam em quantidades ínfimas nestas reações em meio aquoso.

Para que seja formada a imina, a reação deve ocorrer em meio anidro, o que é garantido pela natureza globular do interior da enzima, em que a água não tem acesso ao seu interior. A ligação C=N permanece intacta após a sua formação pela exclusão de água.

O grupo retinal não pode ser substituído por aminoácido, açúcar, ácido graxo ou base nucleica, porque estas biomoléculas não apresentam duas características fundamentais: absorção de luz no meio da região do visível e mudança conformacional que pode ser transformada em um estímulo. A estrutura primária das rodopsinas é variável, porém sua estrutura secundária se conserva em mamíferos e insetos[177].

A variação no ambiente altera as propriedades de absorção do retinol no interior da enzima. Veja abaixo os espectros da bacteriorodopsina, halorodopsina, rodopsina sensor I (sRI) e rodopsina sensor II (sRII). Este efeito se deve à estabilização diferencial dos estados fundamental e excitado. O grupo imina está na forma protonada, estabilizado por uma interação eletrostática com um aspartato próximo. Na sRII a distância entre a amina protonada e o aspartato é de 4,5 Å e na bR é de 5,2 Å.

A resposta ao estímulo luminoso é variável de acordo com a enzima – no caso da bacteriorodopsina é o bombeamento de prótons, para a rodopsina é a ativação da proteína-G e para a rodopsina sensor é a ativação da transducina.

Estas características mostram que a estrutura do retinal é necessária para as propriedades de absorção de luz. A bacteriorodopsina é provavelmente o sistema mais simples para atuar como bomba de prótons com o fim de produzir energia química.

face do citoplasma

face extracelular

A membrana celular não permite a condução do próton (H^+) pela sua estrutura, que é hidrofóbica e espécies químicas com carga não passam, mas a rodopsina atua como uma bomba de prótons de dentro para fora da membrana. O mecanismo de bombeamento é promovido pela absorção de um fóton com a energia correta para a inversão de configuração da dupla C=C de *trans* para *cis*.

Poderíamos propor uma molécula que absorva cor mais simples, que levasse em conta um processo gradual para a biossíntese do cromóforo? Uma pista poderia ser a rota biossintética do retinal, baseada na condensação do isopentenil-pirofosfato e do dimetilalilpirofosfato, formados a partir da condensação da acetil-coenzima A na rota do mevalonato.

acetil-CoA → acetoacetil-CoA → 3-hidroxi3-metilglutaril-CoA

ácido mevalônico → isopentenilpirofosfato (IPP) / dimetilalilpirofosfato (DMAPP)

IPP + DMAPP → geranil-pirofosfato → fitoeno → beta-caroteno → retinal

O DMAPP e o IPP podem ser combinados formando moléculas mais complexas, adicionando resíduos de isopreno (2-metilbutadieno) cada processo. O produto originário a partir de duas unidades é o geranil-pirofosfato. Porém as ligações duplas não estão conjugadas, e absorvem como se fosse alcenos isolados, com λ_{max}, 200 nm, na faixa do ultravioleta. Os fótons com essa energia quebram as moléculas orgânicas, logo alcenos simples que absorvem nesta faixa podem ser descartados como cromóforos.

O foco recai sobre dienos e polienos, porém são necessárias cinco ligações conjugadas para colocar no comprimento de onda para a luz visível. Os valores para polienos conjugados estão mostrados abaixo

185 nm   235 nm   272 nm

308 nm   342 nm

371 nm

Estes valores evidenciam a necessidade de no mínimo seis ligações conjugadas para que ocorra a absorção no início da luz visível a 380 nm. Para que este primeiro sistema tenha evoluído seria necessária a síntese de um polieno com no mínimo seis ligações duplas de forma espontânea no meio primordial.

Contudo, este requisito se torna improvável, devido às reações de adição que são comuns em alcenos. Por exemplo, os álcoois são formados a partir da reação de alcenos com água, e são mais estáveis do que os alcenos e nas condições de exposição fotoquímica, são comuns as reações de dimerização de ligações duplas.

alceno   + H_2O álcool

alceno   alceno   luz   dímero

Outro requisito fundamental é que a absorção de luz seja traduzida em uma modificação das propriedades moleculares. No caso das rodopsinas, a transformação é a inversão de configuração da ligação dupla carbono-carbono.

Este processo em alcenos requer cerca de 60 kcal/mol e ocorre termicamente acima de 250° C, condição incompatível com a vida. Porém a bacteriorodopsina contorna a limitação pela protonação (transferência de H^+) para o nitrogênio da ligação imina (C=N), o que diminui a energia necessária para a inversão da ligação C=C vizinha.

A protonação ocorre pela presença de um resíduo de ácido aspártico próximo ao nitrogênio. A transferência do próton diminui em 5 kcal/mol a barreira de rotação, logo a própria enzima também atua sobre as propriedades do retinal. Todos estes processos ocorrem na ordem de picossegundos (10^{-12} s).

O retinal apresenta o número mínimo de ligações duplas conjugadas para que ocorra a absorção da luz, os grupos estão posicionados corretamente para a protonação/desprotonação do nitrogênio, o que enfraquece a ligação dupla. Observe as estruturas abaixo:

esta ligação tem caráter
intermediário entre
simples e dupla

A estrutura do complexo covalente rodopsina-retinal permite uma variação na sua estrutura e nas propriedades químicas sem que ocorra a perda da propriedade de absorção de luz. Mudanças nos aminoácidos próximos ao grupo retinal modula o comprimento de onda absorvido, permitindo a distinção de cores.

Fotossíntese

A entrada de energia e carbono para os seres vivos é a reação de fotossíntese, que reduz o dióxido de carbono, utilizando um inesperado agente oxidante: a água. A semi-reação de oxidação da água está mostrada abaixo:

$$2 H_2O \longrightarrow O_2 + 4 H^+ + 4 \text{ elétrons}$$

Esta reação está combinada com a redução do $NADP^+$ (nicotinamida adenosina dinucleotídio fosforilada).

$$2\,H_2O \;+\; 2\,NADP^+ \;+\; 8\,\text{fótons (luz)} \longrightarrow 2\,NADPH \;+\; 2\,H^+ \;+\; O_2$$

A energia livre (ΔG) necessária para a reação acima é de 102 kcal/mol, enquanto a energia da luz a 700 nm é cerca de 40 kcal/mol de fótons, o que leva a 320 kcal/mol de energia disponível. Assim, cerca de um terço da energia é capturada durante a fotólise pela redução para NADPH e uma quantidade equivalente de ATP é gerada pelo gradiente de prótons (H^+) gerado, o que evidencia a grande eficiência energética do sistema.

O oxigênio é um produto lateral desta reação, liberado para a atmosfera e que vai disponibilizar o agente oxidante para o metabolismo dos seres heterótrofos. A captura de dióxido de carbono para a síntese de açúcares em algas e plantas requer 26 complexos de proteínas e enzimas são necessárias para capturar a energia solar e usar a energia para a síntese de glicose. Estas proteínas somente são utilizadas na fotossíntese e todas são necessárias, de outra forma a glicose não será produzida.

No complexo em que o oxigênio é liberado, separa a água em elétrons e prótons. Se a reação de transferência de elétrons não procede, não ocorre a formação de oxigênio, prótons e elétrons são produzidos, não é possível a existência de formas de vida avançadas. Logo, fotossíntese é um sistema interdependente, cuja lógica de funcionamento mostra que não seria possível ter evoluído em partes e que todas as partes devem estar funcionais desde o início.

A quebra da molécula da água é um dos pontos fundamentais na fotossíntese, o que leva à oxidação do oxigênio e redução do carbono do CO_2. A fotodissociação ocorre nos tilacóides de cianobactérias e nos cloroplastos de algas verdes e plantas.

A luz que chega à superfície do planeta é filtrada pela camada de ozônio e outros gases da atmosfera e não apresenta a energia suficiente para promover a fotodissociação. A forma que ocorre nestes seres é extremamente engenhosa. A luz é capturada pelos pigmentos do organismo: a clorofila absorve a luz nas regiões do azul-violeta e vermelho, enquanto as ficobilinas das algas vermelhas absorvem a luz verde-azulada que penetra profundamente nas águas profundas, permitindo a fotossíntese em maior profundidade.

A captura do fóton resulta em um ganho de energia de um elétron, que passa a um estado "excitado", e esta energia é transferida para uma molécula de clorofila (P680 – P: pigmento, 680: comprimento de onda da absorção máxima – 680 nm) no centro do fotossistema II.

O elétron excitado de P680 é capturado por um aceptor de elétrons da cadeia de transferência de elétrons e sai do fotossistema II, e deve ser reposto através da oxidação de uma molécula de água no caso da fotossíntese oxigenada. O centro do fotossistema II (P680*) é o centro oxidante biológico mais forte conhecido, o que permite quebrar moléculas tão estáveis quanto a água.

A reação de quebra da água é catalisada pelo "complexo de evolução de oxigênio" do fotossistema II, uma proteína complexa, que contém quatro íons magnésio e ainda cálcio e íons cloreto como cofatores. As moléculas de água estão ligadas aos íons magnésio, que promove uma série de quatro remoções de elétrons (oxidações) para o centro de reações do foossistema II. No fim do ciclo, oxigênio livre (O_2) é gerado o os hidrogênios das moléculas de água são convertidos em quatro prótons, liberados para o lumen do tilacoide.

Estes prótons se somam a outros prótons bombeados através da membrana do tilacoide acoplada à cadeia de transferência de elétrons, criam um gradiente de prótons através da membrana que dirigem a fotofosforilação e providenciam a energia química na forma de trifosfato de adenosina (ATP). Os elétrons atingem o centro de reações P700 do fotossistema I, quando são novamente energizados por luz, passam por outra cadeia de transferência de elétrons e finalmente combinam com a coenzima NADP+ e prótons fora do tilacoide para formar o NADPH. Retomando a reação total da fotólise da água:

$$2 H_2O + 2 NADP^+ + 8 \text{ fótons (luz)} \longrightarrow 2 NADPH + 2 H^+ + O_2$$

Uma vez que a energia da luz a 700 nm é de cerca de 40 kcal/mol de fótons, os oito fótons trazem 320 kcal/mol de energia para a reação. Lembrando que a variação de energia livre (ΔG) para essa reação é 102 kcal/mol, cerca de um terço da energia disponível é capturada como NADPH na fotólise e transferência de elétrons. Uma quantidade semelhante de ATP é gerada pelo gradiente de prótons resultante e o oxigênio resultante não tem utilidade e é liberado para a atmosfera.

O uso de minerais para a fotólise da água é uma pesquisa ativa, com possibilidades de uso tecnológico para a obtenção de H_2 para uso em pilhas de combustível.[178]

Rubisco – a enzima que fixa carbono

A enzima mais abundante do planeta é a rubisco – ribulose-1,5-bisfosfato carbonxilase/oxigenase – presente em cianobactérias (archaea), algas e vegetais terrestres. A reação promovida pela Rubisco é a fixação do CO_2 formando uma nova ligação C-C. A enzima rubisco localiza-se nos cloroplastos, que possuem um DNA próprio, assim como as mitocôndrias.

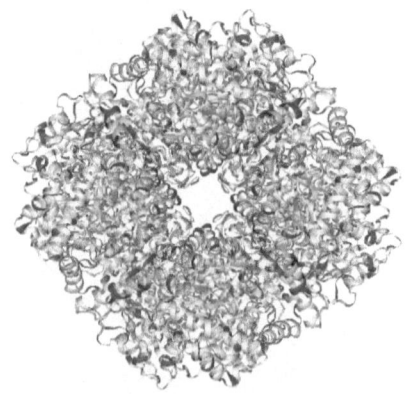

*Figura 26: **estrutura quaternária da enzima RUBISCO***

A atividade da enzima rubisco vem de um resíduo modificado do aminoácido lisina, que reage com um CO_2 e forma uma ligação carbamato. Íons magnésio atuam como cofatores na enzima, porque fixam a posição e aumentam a reatividade do CO_2 para a formação de uma função carbamato com um resíduo de lisina e o aumento do pH também aumenta a reatividade. O grupo CO_2 é transferido para um derivado reativo de carboidrato. Abaixo estão algumas reações para o ciclo C3, responsável por 95% da biomassa das plantas do planeta.

ribulose-1,5-difosfato

CO_2

3-fosfoglicerato   3-fosfoglicerato

açúcares

gliceraldeído-3-fosfato

A fotossíntese exerce o controle sobre a quantidade de CO_2[179] e indiretamente sobre o metano, produzido a partir da decomposição da matéria orgânica. A enzima rubisco liga oxigênio e CO_2, e a seletividade para o CO_2 é menor do que O_2. Estudos indicam que a atividade e seletividade desta enzima estão otimizados para as condições atmosféricas atuais.[180,181] Se a enzima rubisco fosse mais efetiva para remover CO_2 do ar, eventualmente sequestrando todo o carbono do fundo do mar, a água deveria congelar e se fosse menos efetiva os oceanos se tornariam mais ácidos, quentes e sem oxigênio.

Glicólise

A função da primeira fosforilação é dificultar o retorno da glicose para as reservas de glicose (amido ou glicogênio), deslocando o equilíbrio para formar mais glicose a partir das reservas.

Além disso, a fosforilação dá uma carga negativa ao produto, dificultando a sua passagem através da membrana celular, e assim permanece no citosol para as transformações seguintes. A membrana celular é impermeável a moléculas com cargas, porque é hidrofóbica. Essa etapa é irreversível, ou seja, a reação de retorno não ocorre. Existe uma lógica bioquímica em reações irreversíveis: elas são controladas pela necessidade da célula. Se não houver necessidade energética, ela pode ser bloqueada, impedindo o consumo de ATP.

Segue a isomerização da glicose-6-fosfato em frutose-6-fosfato e novamente uma fosforilação utilizando uma molécula de alta energia, o ATP novamente em uma etapa irreversível. Neste momento ocorre a quebra da molécula.

A frutose bifosforilada é quebrada em duas moléculas, cada uma com um fosfato: o gliceraldeído-3-fosfato e a dihiroxiacetona fosforilada. Seguem mais cinco reações até chegar ao piruvato.

1)hexoquinase, 2)fosfoexose-isomerase, 3)fosfofruto-2-quinase, 4) aldolase, 5) triosefosfato isomerase, 6)Gliceraldeido 3-fosfato desidrogenase, 7) Fosfogliceroquinase, 8) Fosfogliceromutase, 8)enolase piruvato, 10) quinase

Essa rota do ponto de vista energético é inútil, porque não gerou energia, apenas consumiu material e ATP necessário para a síntese das proteínas que catalisam essa série de reações.

A lógica química para o surgimento de um metabolismo através de um mecanismo natural, seria a rápida liberação de energia através de reações simples em substratos disponíveis não existe uma justificativa lógica passo-a-passo para uma série de reações complexas, que inicia formando substratos fosforilados de alta energia e inacessíveis fora do meio celular.

O gradualismo inerente à evolução leva a concluir que os passos para o estabelecimento dos metabolismos se deram aos poucos, embora não exista nenhuma pista sobre como teria feito e a análise dos passos mostra grande dificuldade para a proposição de um gradualismo nos metabolismos. A primeira e a terceira etapa da glicólise envolvem a duas fosforilações, utilizando ATP, que é uma molécula de alta energia.

As publicações referentes à evolução da glicólise são de natureza comparativa, através de estudos das séries de aminoácidos que compõem as enzimas que catalisam as reações.[182] De forma geral, as enzimas da glicólise apresentam uma similaridade maior do que outros grupos de enzimas, com algumas exceções, como a hexoquinase e a fosfofrutoquinase.

As diferenças na sequência de aminoácidos não ocorrem no sítio ativo, que é conservado entre as espécies, mas sobre outros aminoácidos da estrutura primária que não comprometam a catálise da reação.

O resultado dessa análise são árvores filogenéticas que indicam a posição relativa do animal na sequência evolutiva e para explicar as anomalias observadas é invocada a transferência genética horizontal, como no caso de *E.coli*, que teria recebido genes de uma célula eucariótica.[183] Não existe evidência sobre o mecanismo do surgimento da maquinaria (enzimas) envolvida na glicólise. Não existe explicação para o surgimento de uma enzima sequer, quanto mais para uma cadeia coordenada.

A primeira liberação de energia ocorre na sexta etapa, através da geração de um NADH, enquanto o ATP é gerado a partir de ADP e 1,3-bisfosfoglicerato na sétima etapa, recuperando um ATP utilizado nas etapas anteriores. A geração de energia em quantidade ocorre nas etapas seguintes. Um ser vivo que utilizasse a glicólise anaeróbica como fonte de energia morreria de fome e engasgado com o piruvato dentro da célula.

O piruvato é o ponto de partida para o Ciclo de Krebs, que apresenta geração líquida de energia a partir da oxidação até acetil-CoA e oxalacetato.

O ciclo dos ácidos tricarboxílicos (ciclo de Krebs)

O ciclo dos ácidos tricarboxílicos ocorre em eucariontes em uma organela chamada mitocôndria, de forma aproximadamente cilíndrica. A mitocôndria é formada por duas membranas, sendo que a externa é mais permeável e a interna completamente impermeável. O interior é chamado de matriz mitocondrial, constituído por enzimas que compõem o ciclo de Krebs e a fosforilação oxidativa.

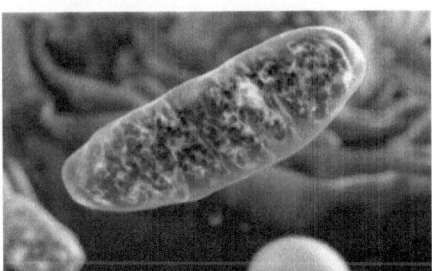

Figura 27: concepção artística de uma mitocôndria

Este ciclos são encadeados com a glicólise para a produção de energia a partir da glicose pelos produtos finais e substratos de entrada. O produto final da glicólise são duas moléculas de piruvato, que entram no Ciclo de Krebs como acetil-CoA.

A entrada de material se no ciclo dos ácidos tricarboxílicos (TCA) é a reação de adição de uma unidade de acetil-CoA de dois carbonos sobre o oxalacetato de quatro carbonos, formando o cítrato de seis carbonos (reação 1). Seguem duas reações (2a e 2b), que levam à isomerização para isocitrato, oxidado para oxalosuccinato. Nesta reação (3b), ocorre a transferência de hidrogênio para um NAD^+, formando NADH.

A reação 3b é a remoção de um carbono e formação do α-cetoglutarato, que é um precursor para a síntese de um aminoácido proteinogênico, o ácido glutâmico. A etapa seguinte é a reação 4, entre o α-cetoglutarato e a a coenzima-A, com liberação de outro dióxido de carbono e formação de outra unidade de NADH.

A succinil-CoA é precursor para a síntese de porfirinas, como o heme, necessário para o transporte de oxigênio e na fosforilação oxidativa. A etapa 5 é a defosforilação da succinil-CoA, formando succinato e GTP (análogo ao ATP), que sofre remoção de dois hidrogênios para uma unidade de FAD e formando FADH2, resultando no fumarato (reação 6). Segue a hidratação para malato (reação 7) e oxidação para formar o material de partida - oxalacetato (reação 8) e mais uma unidade de NADH.

No balanço geral do processo são geradas quatro unidades de NADH, uma unidade de FADH$_2$ e um GTP por piruvato. Cada unidade de NADH gera 2,5 ATP na fosforilação oxidativa e FADH$_2$ gera 1,5 ATP.

Além da succinil-CoA e α-cetoglutarato, outros componentes do Ciclo de Krebs podem ser direcionados para outros metabolismos. O material de partida, o piruvato pode ser deslocado para a síntese do aminoácido alanina, e o α-cetoglutarato para a síntese do ácido aspártico.

A sugestão do surgimento de análogos sulfurados do ciclo de Krebs promovida pela pirita (FeS$_2$)[184] já falha em seu primeiro postulado, pela instabilidade dos tiocarboxilatos em relação aos carboxilatos, porém não existem registros de reações de ácidos carboxílicos com pirita. Essa é mais uma conjectura que não sobrevive à luz dos dados experimentais.

Fosforilação oxidativa

O passo seguinte para a obtenção de energia em organismos heterótrofos é a redução do oxigênio utilizando NADH/FADH$_2$ para a formação de água. O primeiro passo é a redução da ubiquinona pelo complexo Q1, composto por 46 subunidades em mamíferos, com uma massa de 1.000.000 Daltons.

ubiquinona (forma oxidada) + NADH + 5 H$^+$(mitocôndria)

ubiquinol (forma reduzida) + NAD+ + 4H$^+$(citosol)

A ubiquinona recebe elétrons de outras fontes, como o succinato ou da flavoproteína de transporte de elétrons (ETF).

O ubiquinol reduz o citocromo c, uma enzima transportadora de elétrons, com um grupo heme e ferro. Nesta etapa ocorre uma série de processos químicos que envolvem complexos de proteínas e diversos metais para a transferência de elétrons, segundo as reações.

$$QH_2 + 2 \text{ cit c}_{(ox.)} + 2 H^+_{(matriz)} \longrightarrow Q + 2 \text{ cit c}_{(red.)} + 4 H^+_{(intermembrana)}$$

$$4 \text{ cit c}_{(red.)} + 8 H^+_{(matriz)} + O_2 \longrightarrow 4 \text{ cit c}_{(ox.)} + 4 H^+_{(intermembrana)} + H_2O$$

Suponhamos que essas reações tenham surgido em algum momento, e os produtos fosforilados se formaram. Se este produto não for aproveitado na sequência por uma enzima para o próximo passo, no qual ocorre a hidrólise do fosfato e o retorno à glicose.

Seres que geram metano

Um dos reinos de seres vivos com metabolismo distinto é o Archaea, sendo que o estudo e classificação dos diversos seres deste reino ainda não está completo. São semelhantes a bactérias, mas as enzimas relacionadas à transcrição genética são semelhantes aos eucariotes.

Contudo não é possível dizer que apresentam características intermediárias, porque a membrana é composta principalmente de éteres lipídicos e o seu metabolismo é variado, usando compostos orgânicos, amônia, metais, hidrogênio, algumas fixam carbono.

A variedade bioquímica destes seres é impressionante e utilizando os mesmos tijolos fundamentais das células que compõem os vertebrados.

Inicialmente foram considerados seres extremófilos por que se pensava que existissem somente em ambientes com altas temperaturas ou concentrações de sais e ácidos. Porém foram encontrados em diversos novos ambientes e reconhecidos como um grupo novo de seres em ambientes diversificados.

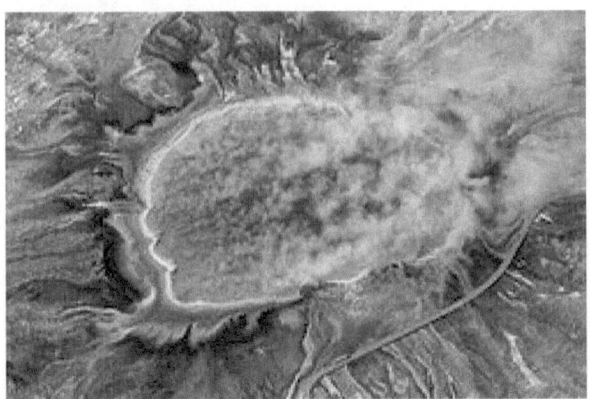

Figura 28: **as cores da "Grande Prismatic Spring" no Parque Yellowstone, nos Estados Unidos vêm dos seres unicelulares do reino Archaea**

10- Biossíntese

As funcionalidades das moléculas orgânicas implicam em um grupo de propriedades bastante específicas: solubilidade, equilíbrio hidrofóbico/hidrofílico, estado físico, grupos ácidos ou básicos, interação com metais, absorção de luz, e assim por diante.

Conforme os capítulos anteriores, essas propriedades derivam da presença de funções químicas nas moléculas em uma geometria correta.

Por exemplo, os fosfolipídios são duas longas cadeias hidrofóbicas, que pode ser linear ou ramificada e uma extremidade com carga. Outras arquiteturas moleculares não levam às propriedades físico-químicas necessárias. A dupla hélice do DNA requer a exclusão de água da região entre as fitas, para que as bases A, T, C e G interajam entre si, e não com a água.

Da mesma forma, diversas moléculas são desenhadas para cumprir determinadas funções. Contudo, essas moléculas são sintetizadas por rotas que envolvem diversas etapas, e cujas transformações são catalisadas por máquinas moleculares extremamente complexas. Uma enzima que não tem o seu funcionamento correto resulta no acúmulo de um composto intermediário com consequências imprevisíveis.

Este é um fator lógico que não foi desvendado por nenhum químico ou bioquímico: como o ser vivo domina toda a rota de síntese? Uma etapa que não funciona é o suficiente para bloquear a síntese de um produto necessário e uma rota parcial não resulta em produtos úteis e leva ao consumo dos reagentes sem atingir o produto necessário. Desta forma, o reagente e toda a energia investida nele são jogados fora.

Rotas parciais em seres vivos não são conhecidas em seres vivos e o máximo que se chegou é que o rejeito de um organismo passa a ser o substrato de outro. Existem bactérias que param no etanol, enquanto outras (Acetobacter) usam etanol para oxidar ao ácido acético, que é utilizada como acetil-CoA no metabolismo de outras bactérias e o oxigênio é um resíduo de alta energia de outros seres vivos.

Gliconeogênese

Os seres vivos não se alimentam todo o tempo, e acumulam reservas para as necessidades metabólicas. A gliconeogênese é a síntese de açúcares a partir de moléculas simples de 3 e 4 átomos de carbono, como o lactato, oxalacetato, glicerol e alanina e permite a síntese de glicose a partir de moléculas originárias de outros caminhos metabólicos.[185]

A rota segue o caminho inverso da glicólise anaeróbica, formando glicose a partir de piruvato. A maioria das enzimas é comum à glicólise, regulada pelos hormônios insulina e glucagon. Enquanto o glucagon ativa a gliconeogênese, a insulina ativa a glicólise.

lactato

oxalacaetato

propionato

glicose

glicerol

alanina

A glicose produzida pode ser armazenada na forma de amido ou glicogênio. Essa rota é comum a plantas, animais, fungos e outros micro-organismos, e suas reações são comuns em todos os tecidos e espécies.

Síntese de ácidos graxos

Os ácidos de cadeia longa são constituintes fundamentais para a síntese de fosfolipídios, constituintes da membrana celular. As cadeias lineares devem ser sintetizadas a partir de moléculas pequenas, de forma que evite a ramificação da cadeia,

O material de partida para a síntese é a acetil conezima A (acetil-CoA), que apresenta uma estrutura complexa, porém a parte reativa são os dois carbonos ligados à extremidade sulfurada. A ligação tioéster é relativamente fraca, e pode ser quebrada por outros reagentes, resultando na transferência de dois carbonos.

A acetil-CoA é o agente de transferência de dois carbonos, presente nos mais diversos seres vivos.

Rota do ácido chiquímico

Uma das rotas metabólicas mais importantes é a via do ácido chiquímico em bactérias e vegetais, mas que não ocorre em animais. A importância desta rota para os demais seres vivos é demonstrada pela síntese de três aminoácidos proteinogênicos:[186] fenilalanina, tirosina e triptofano, enquanto vegetais superiores também utilizam essa rota para a síntese de ligninas e outros compostos fenólicos. Estima-se que de 20 a 50 % do carbono fixado é dirigido para a rota[187] do ácido chiquímico.

A síntese inicia com a condensação de fosfoenolpiruvato (PEP), intermediário na glicólise anaeróbica, e eritrose-4-fosfato, originária do ciclo das pentoses, para formar um açúcar com 7 carbonos, conhecido como DAHP, que cicliza e forma dehidroquinato

(DHQ), e após três etapas é formado o ácido chiquímico. Após uma fosforilação e reação com outra unidade de PEP, é formado o corismato em duas etapas. A enzima que catalisa esta reação é bloqueada por glifosato, o que levou ao desenvolvimento do herbicida Roundup e de variedades transgênicas de vegetais resistentes.

A partir do corismato divergem as rotas de síntese de aminoácidos aromáticos, bem como diversos compostos aromáticos como os folatos, ubiquinonas e diversos metabólitos secundários. Um rearranjo intramolecular catalisado pela enzima corismato mutase forma o prefenato, que pode sofrer descarboxilação e transaminação para formar a tirosina, enquanto a biossíntese da fenilalanina se dá por uma desidratação.

Este é um exemplo de rota dos sonhos de um químico orgânico: sintetizar diversos produtos úteis partindo de materiais simples, a temperatura ambiente, com total controle sobre os carbonos assimétricos dos produtos. Os subprodutos da reação: fosfato, água, CO_2 e NADP+ têm baixo impacto ambiental e ainda serão reciclados.

Químicos que se dedicam à síntese de compostos orgânicos identificam essa rota como uma em síntese em etapas, com diversas reações parciais de substituição, adição, eliminação e rearranjo, com uma grande complexidade envolvida em algumas destas reações.

O pesquisador que planeja uma síntese deste tipo estuda a estrutura final e determina como deve ser construída, em um processo chamado retrossíntese, que leva em conta as sínteses conhecidas e a disponibilidade de materiais. Em laboratório, o rendimento de cada etapa é crucial para a obtenção do produto. Por exemplo, uma síntese em sete etapas com rendimento de 80% em cada etapa, leva a um rendimento final de 21 %, com uma perda de quase 80 % do material de partida. Embora este seja um valor bastante aceitável em um laboratório, é um completo desperdício em um ser vivo, pela formação de produtos laterais sem valor e que podem se acumular na célula ou serem nocivos nas outras rotas sintéticas do ser vivo. Nada menos do que 100 % é aceitável.

Porém nenhum dos intermediários sintéticos têm uma aplicação direta. A rota do chiquimato envolve sete reações, catalisadas por seis enzimas até o corismato, que é um ponto de divergência para a síntese de outros compostos orgânicos, e mais duas até chegar à tirosina. Este é um ponto comum com a síntese em laboratório, em que os intermediários não são importantes, porém se a síntese de um deles falha, toda a proposta de síntese é inútil.

Se apenas os aminoácidos e os produtos derivados do corismato têm utilidade, como e porque surgiu uma rota tão elaborada e com o envolvimento de um maquinário pesado (as enzimas) para a sua síntese?

Os artigos científicos correlacionam os genes de procariontes, fungos e plantas,[188] construindo uma árvore filogenética para estabelecer como ocorreu a evolução das espécies, porém não expõem nenhuma evidência para demonstrar como teria surgido a rota de biossíntese e o maquinário envolvido Se considera a rota completa, alegando que surgiu de algum ancestral comum, sem tecer qualquer consideração sobre caminhos que teriam levado ao surgimento de tal complexidade de reações químicas.

11 - Velocidade de reações e Catálise

As reações químicas envolvem a mudança na estrutura da matéria, com a formação e quebra de novas ligações químicas, levando ao reordenamento no arranjo dos átomos que compõem uma molécula. Este processo pode liberar ou absorver energia. A energia liberada pode resultar no aumento da energia térmica (aquecimento) ou ser utilizado como energia cinética e produzir algum movimento ou ser transferida para outra reação (energia química).

A velocidade das reações químicas em um ambiente abiótico depende do número de choques com a energia e geometria correta para atingir o estado de transição, que é a estrutura de maior energia na transformação de reagentes a produtos.

Quanto maior esse número de choques, maior é a velocidade da reação. Os fatores que aumentam o número de choques são o aumento de concentração dos reagentes, o aumento de temperatura e o correto posicionamento dos átomos para atingir o estado de transição. O aumento da temperatura incrementa a energia cinética das moléculas e permite que um maior número de choques tenha a energia suficiente para que a reação ocorra.

O químico pode controlar a concentração dos reagentes e a temperatura em que opera a reação, mas não consegue alinhar os átomos para que ocorra a reação. Os choques entres as moléculas ocorrem de forma aleatória e apenas aqueles que apresentam a geometria correta levam aos produtos, enquanto os choques com geometria inadequada mantêm os reagentes da mesma forma. Estes são chamados de choques não-efetivos e reações que requerem uma geometria muito específica são lentas, porque um número muito pequeno de choques é efetivo para formar os produtos.

Mecanismo de reação

A reação de substituição do bromo por cloro no brometo de metila requer uma aproximação do cloreto em uma trajetória muito específica.

O cloreto deve estar perfeitamente alinhado com a ligação C-Br, mas pelo lado oposto. Essa orientação se deve à repulsão entre o cloreto e o bromo e ao posicionamento dos elétrons no estado de transição. O ângulo Br-C-Cl deve ser de $180° \pm 5$. Qualquer afastamento deste requisito não levará a reação.

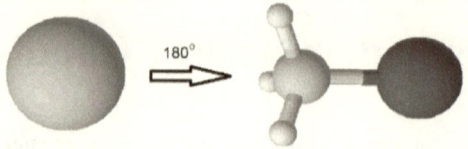

Outras reações simplesmente não ocorrem. A mesma reação de substituição descrita anteriormente não ocorre quando o reagente é o metanol. A razão é a força relativa da ligação O-H em relação à ligação C-Cl, que estabiliza mais o reagente do que o produto, e a maior dificuldade do grupo O-H em sair levando a carga negativa, comparando com o bromo do caso anterior. Diz-se que o OH⁻ é um mau grupo de saída.

Cl⁻ + (H₃C–OH) ⟶ não ocorre reação

cloreto   metanol

Não é necessário perder as esperanças. A reação é possível, pela transformação de um mau grupo de saída (OH⁻) em um bom grupo de saída (OH₂), o que também enfraquece a ligação C-O no metanol. O "truque" é adicionar à reação um ácido forte (ex: HCl), o que transforma o grupo OH em OH_2^+, e neste caso podemos escrever a reação total como resultante de etapas:

$$H_3C\text{–OH} + H^+ \longrightarrow H_3C\text{–}OH_2^+ + Cl^- \longrightarrow H_3C\text{–Cl} + H_2O$$

metanol   cloreto de metila

O mecanismo descreve a sequência de eventos que ocorreu durante a reação. No caso acima, houve uma transferência de próton (H⁺), formando um intermediário instável, que reage com o cloreto e forma o produto.

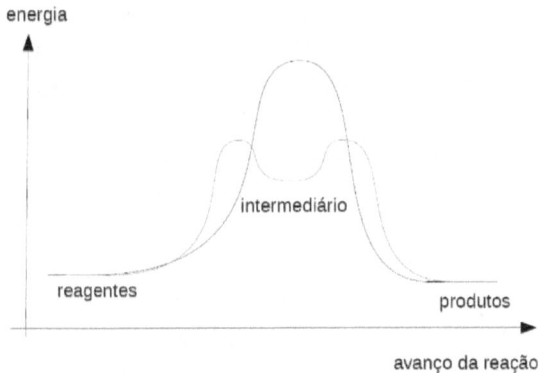

O próton (H^+) aumentou a velocidade da reação, proporcionando um caminho químico alternativo, ou seja, atuou como catalisador da reação.

Catálise

A catálise constitui na ação de substâncias químicas que aumentam a velocidade da transformação de reagentes em produtos. Conforme vimos anteriormente, o catalisador proporciona caminhos químicos que não estavam disponíveis na reação inicial, e a ação na diminuição da velocidade da reação se deve à diminuição das distâncias energéticas das etapas que levam ao produto. A catálise ocorre pelo aumento da reatividade dos reagentes e/ou pela estabilização do estado de transição por interações iônicas ou covalentes.

Enzimas

Os catalisadores de reações químicas nos seres vivos são as enzimas, e com exceção de um pequeno grupo de enzimas baseadas na estrutura do RNA, são compostas por cadeias de polipeptídios. Para cada transformação existe a sua enzima específica, com uma estrutura adequada para ligar o substrato, cofatores e proceder a reação.

Apesar da diversidade estrutural, as enzimas apresentam características comuns: estrutura globular com um interior hidrofóbico e superfície hidrofílica; um sítio para a ligação do substrato; um sítio que procede a reação e muitas enzimas apresentam sítios de ligação de outras moléculas que podem acelerar ou inativar a reação (controle alostérico).

O tamanho ótimo de uma proteína globular é de aproximadamente 4,5 nm[189] (150 resíduos de aminoácidos), de acordo com as restrições impostas pelo empacotamento das cadeias laterais de aminoácidos. Diminuindo o comprimento da cadeia em 20-25 resíduos de aminoácidos, resulta em menor número de domínios anfifílicos formados pelas cadeias laterais de aminoácidos necessários para uma arquitetura globular persistente, que define espaços de reação e dinâmica conformacional.

Uma vez que são propriedades necessárias para o controle dos eventos que ocorrem em pequenas moléculas orgânicas, essa condição limite se dá por volta de 2,5 nm, o que restringe de forma crítica as escalas associadas com o surgimento de atividades associadas com as reações e transdução de sinais.

A estrutura das enzimas pode ser compreendida em níveis de organização:

1) **estrutura primária:** a sequência de aminoácidos da enzima. A atividade enzimática depende da função química dos aminoácidos, e o correto posicionamento no espaço no sítio ativo e sítios de ligação é absolutamente necessária.

O pioneiro na determinação da sequência de aminoácidos de uma proteína foi Frederick Sanger, agraciado com dois Prêmios Nobel em 1958 e 1980. Contudo, essa proposta era controversa, porque os vinte aminoácidos proteinogênicos eram conhecidos, mas muitos pesquisadores pensavam que a sequência de aminoácidos das proteínas eram randômicas, conforme o obituário de Sanger, publicado no The Telegraph: "Thus, when Chibnall tried to get Sanger a grant from the Medical Research Council to work on protein structure, the grant was refused because "everyone knew" that the pattern of amino acids in a protein was random."[190]

A primeira proteína escolhida foi a insulina, por ser relativamente pequena e disponível em quantidades significativas e pelo seu significado para o controle da diabetes. Entretanto, a insulina não é uma enzima porque não desempenha atividade catalítica, mas atua como um hormônio que se liga à membrana celular, permitindo a entrada de glicose na célula.

O método de Sanger consistia em marcar o aminoácido final e quebrar essa ligação peptídica. O processo foi lento, mas a sequência de 51 aminoácidos ligados por duas pontes de dissulfeto foi determinada.

Apesar das evidências, muitos pesquisadores mantiveram seu ponto de vista com o objetivo de apontar a aleatoriedade da sequência dos aminoácidos. O bioquímico francês e Prêmio Nobel de 1965, Jacques Monod descreveu a descoberta de Sanger da seguinte forma:

"A primeira descrição da seqüência completa de uma proteína globular foi realizada por Sanger em 1952. Foi tanto uma revelação quanto uma decepção. Essa seqüência, que se sabia definir a estrutura, daí as propriedades de uma proteína funcional (insulina), mostrou-se sem qualquer regularidade, qualquer característica especial, qualquer característica restritiva. Mesmo assim, restava a esperança de que, com o acúmulo gradual de outras descobertas desse tipo, algumas leis gerais da estrutura de proteínas, assim como certas correlações funcionais, finalmente viriam à luz. Hoje nossa informação se estende a centenas de seqüências correspondentes a várias proteínas extraídas de todos os tipos de organismos. A partir do trabalho nessas sequências, e depois de compará-las sistematicamente com a ajuda dos modernos meios de análise e computação, estamos agora em posição de deduzir a lei geral: é o acaso. Para ser mais específico: estas estruturas são "aleatórias" no sentido preciso de que, se soubéssemos a ordem exata de 199 resíduos [ie, aminoácidos] em uma proteína contendo 200, seria

impossível formular qualquer regra, teórica ou empírica, permitindo-nos prever a natureza do resíduo que ainda não foi identificado na análise.
Dizer que em um polipeptídeo a sequência de aminoácidos é "aleatória" pode soar como uma admissão indireta de ignorância. Muito pelo contrário, a declaração expressa a natureza dos fatos. [traduzido de Chance and Necessity, Vintage Books Edition, 1972, 96] "

Monod não poderia estar mais errado. A cristalografia de proteínas revelou estruturas com padrões excepcionalmente complexos de proteínas, com um preciso posicionamento de átomos no espaço para catalisar as reações no sítio ativo, arquiteturas extremamente elaboradas para o transporte de átomos e elétrons no espaço, combinando regiões hidrofóbicas e hidrofílicas para as membranas ou a água. Se Monod propôs um argumento a favor da evolução, o conhecimento científico fez a volta do bumerangue e revelou a sua falsidade.

2) Estrutura secundária: algumas regiões das enzimas adotam arranjos espaciais específicos e recorrentes. Estes arranjos geométricos espaciais envolvem um conjunto pequeno de aminoácidos, e são estabilizadas pelas cadeias laterais dos aminoácidos;
As α-hélices são espirais em que a cadeia polipeptídica define a espiral e as cadeias apontam para fora, uma volta completa ocorre a cada 3,6 aminoácidos e a estrutura é mantida pela formação de ligações de hidrogênio dentro da espiral, porém não é qualquer aminoácido que participa das hélices.
Resíduos de alanina são comuns em trechos formados por α-hélices, porque as cadeias laterais são pequenas e não interferem em outros grupos no interior da enzima, e se estiver em uma região próxima à água exerce pequeno efeito sobre para romper as ligações de hidrogênio da água, quando comparada com outros aminoácidos neutros. Os aminoácidos metionina e leucina também são comuns em α-hélices e aminoácidos de cargas opostas, como lisina (positiva) e glutamato (negativo) a cada 3 ou 4 aminoácidos estabilizam a espiral por atração eletrostática. A queratina é uma proteína compõe os pelos, cabelos e cascos de animais, formada por cadeias de α-hélices compactas.
As cadeias laterais maiores como o triptofano ou tirosina desestabilizam as α-hélices, assim como a glicina, cuja cadeia pequena apresenta grande mobilidade conformacional, o que significa um custo entrópico para a rígida estrutura da hélice. A presença de prolina na sequência de aminoácidos quebra a α-hélice, porque não apresenta a capacidade de doar ligações de hidrogênio.
A mioglobina é uma proteína pequena, abundante em mamíferos aquáticos como baleias e focas, composta por 154 aminoácidos (homem), que transporta oxigênio no músculo, A maior parte da sua estrutura é composta por α-hélices, mostrada como fitas azuis na seguinte figura, obtida a partir da estrutura de raio-X. Além da sequência de aminoácidos, a estrutura mostra o grupamento heme, que liga um átomo de ferro complexado a uma molécula de oxigênio (esferas vermelhas).

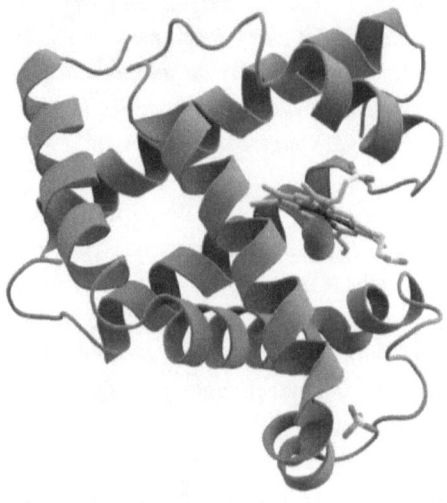

*Figura 29 **estrutura da mioglobina humana - figura de domínio público***

A folha beta é uma estrutura recorrente, com sequência de aminoácidos dispostas lado-a-lado, mantidas por ligações de hidrogênio entre as cadeias, de forma antiparalela ou paralela.

As cadeias podem se arranjar de forma paralela ou antiparalela. Aminoácidos com cadeias laterais volumosas, como triptofano, leucina, fenilalanina e tirosina desestabilizam e são pouco frequentes como folhas beta, enquanto aminoácidos de cadeia lateral curta, como glicina, alanina e serina são comuns. As fibras formadas por este tipo de estrutura são proporcionalmente mais resistentes do que o aço, como a teia de aranha e o casulo do bicho-da-seda.

A estrutura globular das enzimas é mantida por alças (turns) formadas por grupos de quatro aminoácidos, que promovem uma mudança no sentido do prosseguimento da cadeia. Sem a presença das alças, a cadeia prosseguiria aproximadamente linear e o resultado seria a impossibilidade da formação de domínios hidrofóbicos ou mesmo de sítios ativos, onde aminoácidos distantes na sequência, mas próximos no espaço combinam as suas propriedades para a catálise de uma reação.

A formação das alças requer uma inversão na forma habitual da disposição da cadeia, uma vez que a conformação mais estável para a ligação peptídica é do tipo *s-trans*, enquanto a alça requer uma conformação do tipo *s-cis*. As conformações *s-trans* são mais estáveis porque mantém os grupos volumosos das cadeias laterais distantes entre si, enquanto na *s-cis*, estes grupos estão próximos e se repelem no espaço. O único aminoácido que tem esta capacidade é a prolina, e por isso é frequentemente encontrada em regiões que apresentam as alças. A prolina é o único aminoácido em que o nitrogênio está ligado a dois carbonos, o que torna os dois lados em torno do nitrogênio semelhantes entre si.

prolina

prolina em alça

3) Estrutura terciária: a combinação dos diversos elementos formados pelas estruturas secundárias leva a um arranjo espacial, que é a estrutura terciária da enzima. A estrutura terciária é a combinação da posição de cada aminoácido no espaço. Enquanto a estrutura primária trata da sequência de aminoácidos e a estrutura secundária mostra a colaboração de cada aminoácidos para formar estruturas parciais, a estrutura terciária combina todos esses elementos para mostrar a disposição da enzima no espaço.

O aquecimento, adição de sais ou solventes leva a mudanças conformacionais que acarretam a perda da atividade da enzima, em um processo chamado desnaturação.

A perda da estrutura terciária das proteínas eventualmente resulta na agregação da cadeia peptídica, resultando em doenças como Alzheimer, Huntington e a "doença da vaca louca", causada por proteínas desnaturadas chamadas príons.

4) Estrutura quaternária: em diversos casos, as enzimas se unem para formar algo ainda maior, um agregado de enzimas, um cluster enzimático. Um exemplo conhecido é a enzima transportadora de oxigênio pela circulação sanguínea, a hemoglobina.

A hemoglobina é formada por quatro unidades, cada uma com um grupo heme contendo um átomo de ferro. Quando a primeira unidade da hemoglobina liga o oxigênio, ocorre uma mudança conformacional que abre os sítios de ligação de oxigênio das outras três unidades, levando à saturação da hemoglobina. O resultado é que todas os sítios transportadores da hemoglobina são ocupados por oxigênio no transporte.

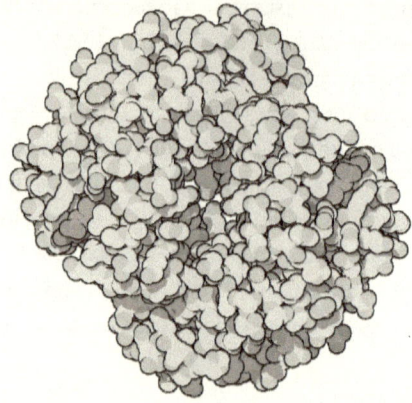

Figura 30 as quatro unidades da hemoglobina formam uma supra-estrutura - imagem obtida em https://pdb101.rcsb.org/motm/41

Função e estrutura de enzimas

As habilidades químicas das enzimas são superiores à qualquer metodologia sintética conhecida. As reações ocorrem em velocidades altíssimas, à temperatura relativamente baixa, dispensando o uso de solventes especiais e são estereoespecíficas, ou seja, apenas um dos estereoisômeros é formado. Este conjunto de habilidades supera qualquer químico orgânico sintético moderno.

O tamanho relativo das enzimas comparado ao substrato é comparável ao tamanho de um caminhão e o motorista. Aparentemente toda a estrutura está voltada para que o sítio ativo tenha uma geometria correta para a catálise da reação.

A compreensão do efeito catalítico das enzimas foi evoluindo com as evidências experimentais, porém desde o primeiro modelo houve um claro reconhecimento das diferentes capacidades da enzima. O modelo formulado por Paul Ehrlich (nobel de medicina de 1908) é conhecido como chave-fechadura, em que o substrato (S) com a estrutura correta encaixa na enzima (E), formando um complexo enzima substrato (E-S), que promove a reação e a transformação do substrato em produto (P). A quantidade do complexo E-S é pequena, e praticamente constante até atingir o esgotamento do substrato, porém o efeito catalítico vem da estrutura deste complexo.

$$E + S \rightleftharpoons E\text{-}S \longrightarrow E + P$$

O modelo chave-fechadura mostra a especificidade estrutural de uma enzima frente a um substrato, que encaixa no sítio ativo, que apresenta uma conformação específica para ligar e proceder a transformação. Não existe sentido em ter uma chave sem fechadura ou uma fechadura sem chave, e como foi posto anteriormente, o naturalismo não oferece qualquer explicação sobre o surgimento desta especificidade. Este conceito também ocorre no desenho de receptores sintéticos, e é chamado de pré-organização do receptor (fechadura) para acomodar um substrato (chave). A forma e a posição de grupos químicos são pensada de forma que seja complementar à molécula ou íon que será ligado neste receptor, o que diminui o valor da entropia associada à complexação e aumenta a interação entre receptor e substrato. Porém o modelo evoluiu e tornou ainda mais complexa esta ligação enzima-substrato.

A enzima "torce" e "estica" as ligações químicas do substrato, utilizando as suas próprias interações e reações do tipo ácido-base para chegar em uma estrutura em que as ligações do substrato se rompe e ocorre a transformação química. Ou seja, a principal propriedade da enzima não é ligar o substrato, mas ligar o "estado de transição", que é o nome dado ao máximo de energia na transformação de substrato em produto. Se a função da enzima fosse somente ligar o substrato, não resultaria em reação, mas na formação de um agregado molecular.

O modelo de "ajuste induzido" proposto por Koshland reflete as alterações estruturais mútuas entre a enzima e o substrato para atingir a estrutura do estado de transição.

A diferença entre o estado de transição de uma reação não-catalisada e reações catalisadas é a mudança no mecanismo de reação, que diminui a energia de ativação em reações catalisadas. Em ambos os casos, as ligações químicas do substrato são quebradas até atingir um máximo de energia, quando novas ligações químicas são formadas, gerando os produtos.

A menor energia de ativação das reações catalisadas usualmente é resultado de uma partição da reação geral em pequenas reações, acompanhadas de rearranjos estruturais em direção à formação de produtos.

Enzimas e probabilidade

A funcionalidade de uma enzima é resultado da conjunção das estruturas primária, secundária e terciária, que define sítios ativos, sítios alostéricos, pontos de ancoragem de cofatores, entre outros. A ideia do surgimento de máquinas químicas sofisticadas a partir de tentativa e erro, fruto de mutações foi posto à prova por biólogos e estatísticos.

O ponto central é a formação de um sítio ativo funcional, resultado de uma estrutura terciária que aproxima os resíduos de aminoácidos com potencial catalítico. A restrição imposta por este critério levou à conclusão,[191] em que apenas 1 em 10^{64} sequências de aminoácidos forma um sítio funcional, e modificando o critério para sítios com funções específicas, este valor sobre para 1 em 10^{77}. Estimativas similares [192][193] situam os valores entre 1 em 10^{65} e 10^{70} a chance que uma sequência longa de aminoácidos seja uma enzima funcional.

Uma estimativa darwiniana projeta em 4.10^{43} possibilidades de sequências de aminoácidos exploradas desde a origem da vida, cerca de 10^{20} vezes menor do que a estimativa para o surgimento de uma enzima funcional.

A estimativa de 4.10^{43} é otimista, porque considera um suprimento de aminoácidos e todo o tempo de $4,2.10^9$ anos da terra, porém as estimativas apontam para o surgimento da vida há $3,8.10^9$ anos, o que reduziria o tempo de experimentos para o surgimento de uma proteína funcional, quanto mais de um grupo de enzimas para formar uma rota metabólica.

Enzimas análogas e homólogas

Diversas estruturas presentes em animais são conexas como o antebraço mostrado na figura abaixo[194], o que indicaria um ancestral comum.

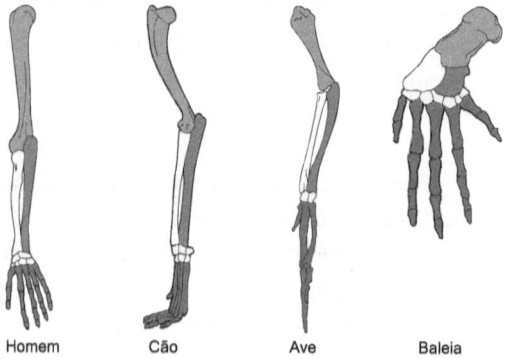

Homem   Cão   Ave   Baleia

Figura 31: posição do antebraço em diferentes animais

O mesmo raciocínio tem sido aplicado em enzimas. A similaridade entre as sequências indicaria enzimas homólogas, que não poderiam ter sido originadas por acaso, assume-se que tenham um mesmo elo biológico.

As variações na sequência de aminoácidos seriam o resultado das mutações e o grau de variação permitiria determinar, com auxílio computacional,[195] os elos entre os diversos seres vivos para estabelecer uma árvore filogenética.

Descobriu-se que a mesma reação pode ser catalisada por enzimas estruturalmente nãocorrelacionadas, chamadas de enzimas análogas, um conceito oposto ao homólogo. As diferenças entre a sequência de aminoácidos e os padrões estruturais indicam que não podem ter vindo de um ancestral comum. [196,197]

Nylonases

O nylon é uma poliamida sintética, com propriedades semelhantes aos fios tecidos por insetos (bicho-da-seda) e aracnídios (teias), com alta resistência mecânica, utilizada em tecidos, para-quedas e materiais resistentes como o kevlar. A reação entre derivados ativados de ácidos carboxílicos e aminas forma o nylon, porém o nylon mais comum vem da polimerização da caprolactama.

nylon [6,6]

caprolactama   nylon 6

Em 1975, um grupo de pesquisadores japoneses[198] observou que uma cepa de Flavobacterium desenvolveu a capacidade de metabolizar nylon 6, um produto que não existia na natureza antes de 1935, e a estrutura da enzima era significativamente diferente de qualquer enzima produzida por esta bactéria. O surgimento de enzimas como a nylonase coloca desafios ao conhecimento – como uma enzima pode ser produzida tão rapidamente?

A bactéria foi submetida a um stress alimentar e utilizou os mecanismos disponíveis, através da duplicação e modificação de genes para a produção de novas enzimas. Em alguns meses a bactéria adquiriu a capacidade de digerir um produto químico completamente diferente.

Embora o surgimento seja atribuída à evolução darwiniana,[199] o tempo para o surgimento dessa capacidade é muito pequeno para o desenvolvimento de uma nova enzima e os mecanismos celulares já deveriam estar presentes, o que foi comprovado por estudos subsequentes.[200]Este é o caso de uma adaptação do ser ao ambiente, utilizando a maquinaria celular preexistente para criar uma máquina nova.

Enzimas e o método indutivo

O pensamento nas ciências da natureza opera no reconhecimento de padrões e na busca de um fundamento para o padrão observado, e na química esse padrão resulta da relação entre as propriedades moleculares com as ligações químicas presentes em uma molécula. exemplo, o metanol e o etanol são solúveis em água, enquanto o hexano e o benzeno são insolúveis em água. A investigação sobre a estrutura molecular mostra que o metanol e etanol apresentam um grupo OH (hidroxila) na molécula, que não está presente no hexano e benzeno. A partir daí, pode ser elaborada uma regra em que as moléculas que apresentam um grupo OH são solúveis em água. Este é o pensamento indutivo utilizado na ciência: a generalização de um número suficiente de casos particulares correlatos leva à formulação de uma regra.

Porém, a regra começa a falhar quando uma cadeia de quatro carbonos está ligada ao grupo OH, o que leva a uma compreensão mais geral, em que as cadeias carbônicas mais longas diminuem a solubilidade das moléculas orgânicas, enquanto a presença de grupos OH aumenta.

Solúveis	Insolúveis
H_3COH - metanol	$H_3CCH\text{-}CH_2OH$ 1-butanol
H_3CCH_2OH - etanol	$H_3CCH_2CH_2CH_2OH$ 1-pentanol
$H_3CCH_2CH\text{-}OH$ - 1-propanol	

A relação entre uma propriedade e a estrutura molecular fica mais completa. Esse tipo de raciocínio é chamado de reducionista, procurando explicar o todo pelas partes, em contraposição ao raciocínio holístico, que propõe que o todo apresenta características que não podem ser "lidas" a partir das partes.

As propriedades catalíticas das enzimas fogem dessa compreensão reducionista, pela natureza extremamente transitória do estado de transição, cujo tempo de existência é da ordem de 10^{-15} segundos e se constitui no máximo de energia na transição de substrato em produtos. Toda a enzima está focada para algo que não existe de forma independente, e cujo tempo de existência é ínfimo.

Além disso, o raciocínio reducionista falha de forma cabal quando aplicado à modelagem do estado de transição, que é o "todo", enquanto a enzima e o substrato são "as partes", porque se a enzima apenas ligasse o substrato, não ocorreria a reação, mas apenas a formação do complexo, que se fosse estável, levaria apenas ao consumo da enzima.

A proposta de uma evolução do tipo darwiniana aplicada às enzimas apresenta uma série de restrições, sendo que a principal é a impossibilidade de explicar a série de eventos do tipo tentativa e erro para modelar a ligação de um estado de transição, com tempo de vida curto e estrutura instável.

Como seriam esses eventos? Suponhamos um conjunto de proteínas globulares: apenas aquelas que catalisariam a reação seriam "aptas" e levariam à reprodução de uma estrutura pré-celular? Do ponto de vista químico, um panorama como esse não é factível pelo número de possibilidades, e muito menos passível de sofrer qualquer espécie de seleção.

Até hoje, não existe nenhum mecanismo proposto para explicar como sequências de aminoácidos ganharam a capacidade catalítica e muito menos como surgiram as cadeias de reações. Por fim, ao supor que houvesse a disponibilidade de todos os aminoácidos para a síntese de peptídios, teríamos que nos perguntar: onde estão os experimentos "falhos" para chegar nas em enzimas funcionais?

Em um laboratório de síntese orgânica, um pesquisador propõe uma molécula que ele deseja sintetizar, busca na literatura os melhores métodos, compra os reagentes, solventes. Muitas vezes são necessárias condições específicas como temperaturas baixas ou altas, condições de acidez específicas, solventes absolutamente anidros e mesmo assim, a rota de síntese não funciona. Resta ao pesquisador retornar ao estudo, buscar onde deu errado, propor um novo método e testar novamente. O material que não deu certo é descartado.

O universo de enzimas funcionais é extremamente pequeno, comparado com o número de enzimas possíveis. Se levarmos em conta que os processos naturais seriam estocásticos, ou seja, o resultado não é completamente determinado pelas condições finais porque existe uma contribuição estatística, o número de tentativas seria no mínimo equivalente à probabilidade. Onde estão as tentativas falhas? Não se sabe, e até hoje somente se conhece síntese de peptídios no interior de seres vivos ou promovida por seres humanos em laboratórios e indústrias.

Além disso, o eventual surgimento de uma enzima não significa um avanço para a formação de um ser. Seria necessário o surgimento de toda a cadeia da glicólise para que houvesse uma geração líquida de energia.

Por exemplo, a hexoquinase transfere um grupo fosfato para açúcares de seis carbonos e transforma a glicose e ATP em glicose-6-fosfato e ADP, e o seu eventual "surgimento" não significa nada para o ser vivo, porque a glicose-6-fosfato é apenas o primeiro passo de uma série de reações.

A compreensão das habilidades das enzimas não para por aí: além de ligar o substrato e catalisar a reação no sítio ativo, existem outros locais que ligam o produto da reação quando está em excesso para diminuir a velocidade da reação. Esse tipo de controle ocorre quando não há mais a necessidade de síntese daquela molécula. Esses locais são chamados sítios alostéricos e além do produto, outras moléculas que fazem parte do metabolismo podem atuar como reguladores, aumentando ou diminuindo a atividade da enzima.

A capacidade regulatória opera de outras formas: algumas enzimas podem ser fosforiladas, e reagir com velocidade ainda maior. Essa propriedade ocorre pela ação de moléculas com a função de sinalizador, que se ligam à membrana celular e disparam um mecanismo para ativar o metabolismo. Da mesma forma que a fosforilação ativa algumas enzimas e inativa outras, porém de forma temporária, até que cesse a atuação do sinalizador.

Uma das menores enzimas é a 4-oxalocrotonato tautomerase, com 62 resíduos de aminoácidos, enquanto a urease do feijão-de-porco (*Canavalia ensiformis*), formada por 840 resíduos de aminoácidos, é uma das maiores enzimas, e quebra a ureia em amônia e dióxido de carbono.

Para uma enzima pequena, com 100 aminoácidos, o número de sequências possíveis é de $20^{100} = 1,27 \times 10^{131}$. Esse número é da ordem do número de elétrons do universo, estimado em 10^{130}. Se todos os aminoácidos estivessem disponíveis em quantidades suficientes, seria necessário um número enorme de eventos para a síntese de uma enzima funcional de 100 aminoácidos.

Assim, todas as dificuldades relacionadas à tentativa e erro são levadas a proporções astronômicas e se não houver a descoberta de grandes atalhos nestes esquemas, são barreiras intransponíveis do ponto de vista prático.

A atividade da enzima está intrinsecamente ligada à sequência de aminoácidos. Um estudo sobre a proteína luminescente da água-viva *Aequores victoria* mostrou de forma sistemática a relação entre a função da proteína, determinada pela fluorescência para um total de 51.715 diferentes sequências próximas à sequência da proteína nativa.

Os resultados confirmaram que a função diminui dramaticamente com um pequeno número de substituições. O estudo explorou o efeito de substituições múltiplas, na sequência de aminoácidos. Sabe-se que o efeito de duas substituições não é a soma dos efeitos individuais. Esse efeito é chamado de epistase, que pode ser positiva (aumenta a atividade enzimática) ou negativa (diminui a atividade enzimática). Os pesquisadores demonstraram uma epistase negativa era forte e prevalente. Enquanto uma mutação produzia um pequeno efeito, a soma delas combinadas bloqueava completamente a fluorescência.

Em 1980, a prestigiada revista científica "Science" publicou um artigo intitulado "Protein Engineering",[201] de Kevin Ulmer, diretor de pesquisa da GeneX, uma de muitas companhias de biotecnologia criadas na época. A ideia descrita por Ulmer era criar enzimas, sintetizando novas sequências de aminoácidos e controlar as suas propriedades para aplicações em processos industriais. Seria uma nova era em que as técnicas de mutação randômica da natureza seriam substituídas por um desenho racional das enzimas, apontando para o desenvolvimento de novas rotas de síntese. A visão de Ulmer falhou porque não foi possível a síntese de enzimas com novas funções, e ainda estamos nos debatendo para desenvolver propriedades em proteínas individuais.

É necessário reconhecer que a sequência primária não é randômica, que todos os aminoácidos convergem para que a enzima tenha a atividade catalítica, mesmo que este aminoácido esteja distante do sítio ativo, contribui para o balanço hidrofóbico e na definição da estrutura total da enzima. As substituições entre aminoácidos entre as espécies ocorrem em regiões que não são críticas, mantendo as características de hidrofobicidade da cadeia lateral.[202]

O avanço na compreensão das proteínas revela uma série de camadas de informação: a "escolha" de aminoácidos, as cadeias laterais "corretas", a estrutura primária, estrutura secundária, o posicionamento dos grupos para a construção do sítio ativo e sítios alostéricos, a interação com outras unidades e formação de agregados com outras enzimas, a cooperatividade entre as enzimas de uma rota, em que o produto de uma enzima é o substrato da outra, o ajuste da velocidade das reações e o controle das rotas metabólicas por mensageiros químicos. A premissa da aleatoriedade revelou-se falsa, nada é ao acaso na estrutura de proteínas.

12 - Replicação

A replicação é a reprodução de uma estrutura inicial. A forma mais comum ocorre quando a molécula original atua um "template" ou molde que atua no posicionamento correto da sequência de monômeros.

Conforme Richard Dawkins descreve em seu livro O Gene Egoísta "The Selfish Gene": "Em algum ponto, uma particularmente admirável molécula foi formada por acidente. N´s vamos chamá-la de Replicador. Ela pode não ter sido a maior ou a mais complexa molécula no entorno, mas tinha a extraordinária propriedade de ser capaz de criar cópias de si mesma".

Replicação de Cristais

A proposição da auto-replicação de cristais como um fenômeno que poderia ter originado alguma forma semelhante a vida veio do químico orgânico e biólogo molecular Graham Cairns-Smith em 1965.[203] A ideia central é que os cristais seriam os primeiros auto-replicadores capazes de mostrar evolução Darwiniana. Essa teoria foi controversa, e não foi aceita de forma geral pela comunidade científica. Existe uma gigantesca distância entre um cristal e um ser vivo, porque a quantidade de informação em um cristal inorgânico empalidece frente à enzima mais simples. Um cristal é uma estrutura repetitiva tridimensional, enquanto um ser vivo apresenta uma grande variedade química com uma quantidade de informação incomensurável e um mundo cheio de cristais replicantes captaria para si toda a matéria disponível para a vida.

Replicação de moléculas orgânicas

As propriedades do molde ou "template" necessárias são a forte interação com o monômero, como interações eletrostáticas, ligações de hidrogênio, dipolo-dipolo, van der Waals e pi stacking. O replicante pode ser igual ao molde original, conforme o esquema abaixo:

Ou o replicante pode ser diferente do molde, e gerar o molde original após uma nova replicação:

No primeiro caso, o molde forma o replicante que é igual ao próprio molde, e conforme a reação avança, um número maior de unidades do molde é formado até que esgotem os reagentes. Em ambos os casos a velocidade que ocorre a reação aumenta conforme mais produto é formado, resultando em uma auto-catálise.

Embora alguns autores apontem que a auto-catálise ocorre automaticamente, isto não é necessariamente verdadeiro, porque depende da etapa de junção dos grupos. Se esta junção não for ativada, a reação para na primeira etapa, quando os ligantes do molde são ocupados, resultando em um bloqueio do ciclo.

Os trabalhos de Julius Rebek demonstraram em derivados do ácido de Kemp demonstraram que o produto atua como catalisador na reação de formação da ligação amida.

O modelo de Rebek[204] demonstra a importância da arquitetura da estrutura para obter a auto-catálise: o molde interage com as moléculas soltas e posiciona os grupos reativos. Nesta replicação, um derivado de ribose **1**, reage com uma ftalimida derivada do ácido de Kemp e forma o produto **3**, que interage com **1** e de **2**, e forma mais **3**, que atua da mesma forma, resultando em um processo auto-catalítico e replicativo.

A reação requer um grupo ácido carboxílico ativado e uma base orgânica, no caso a trietilamina (Et_3N) para promover a abstração do próton no complexo ativado, enquanto a associação vem das ligações de hidrogênio entre a ftalimida **2** e a amino-purina **1**. Tanto a reação quanto a associação não ocorrem na presença de água, porque ocorre a hidrólise da ligação éster e a água é mais eficiente para formar ligações de hidrogênio do que os reagentes. A replicação foi obtida e a velocidade aumenta até que o reagente é consumido e neste momento cessa a reação.

Os resultados geraram grande entusiasmo em escritores evolucionistas, como Richard Dawkins, que usou tais sistemas para promover a ideia de uma possibilidade de uma bioquímica distinta da atual. Contudo, é necessário reconhecer que os elementos presentes na reação são bastante sofisticados, que não seriam disponíveis em sistemas pré-vida: a rigidez das estruturas moleculares, que leva a um correto posicionamento para que ocorra a reação, a complementaridade dos grupos que interagem a ativação do grupo carboxi e ausência de água. A soma destes fatores revela a "inteligência" do cientista que desenhou este sistema molecular reativo, e não a sua aleatoriedade. A replicação requer moléculas "melhoradas" no desenho e na sua capacidade reativa.

Esta replicação é uma pálida imitação dos processos naturais, porque assim que todo o reagente é consumido, ela cessa. Acabou. O sistema químico atingiu o equilíbrio. Se forem trazidos os conceitos da evolução darwiniana para a química, sistemas puramente replicativos morrem sem ter originado vida. As moléculas que se replicam mais rápido ganham a batalha, mas perdem a guerra.

Replicação do DNA

Cada célula humana tem em seu interior cerca de 2 metros de DNA em no diminuto espaço definido pelo núcleo e por isso estão fortemente comprimidas.

A replicação do DNA é a obtenção de duas fitas a partir do DNA original, porém a replicação do DNA não segue o modelo da auto-catálise, inicialmente porque os grupos que se conectam pela ligação fosfodiéster não estão ativados, o que leva à dependência da atividade das enzimas. As fitas são separadas e cada uma é utilizada como molde para as novas fitas que são obtidas a partir das fitas originais. Cada novo DNA recebe uma fita da fita original, e por isso é chamada de replicação semi-conservativa.

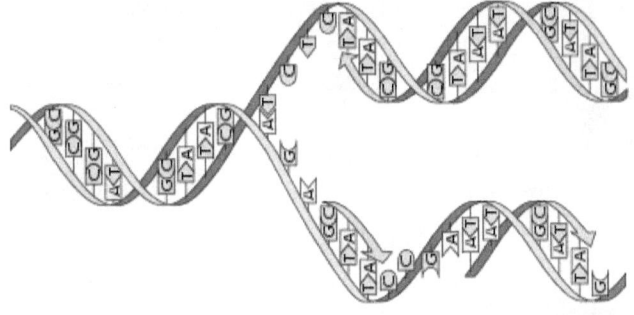

A primeira enzima que atua é a topoisomerase, que desenrola a dupla hélice e libera a tensão para a sequência de enzimas que vem em seguida. Uma topoisomerase do tipo I, enrola-se no DNA e corta uma das tiras e permite o relaxamento da cadeia, enquanto segura a ponta e no fim do processo, reconecta a fita.

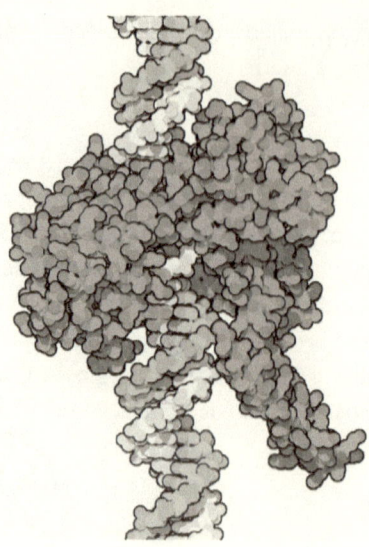

Figura 32: figura mostrando a topoisomerase de classe I (azul) ligada à fita do DNA (amarelo e laranja) https://pdb101.rcsb.org/motm/73

Em seguida vem a helicase, que utiliza ATP como fonte de energia para mover-se ao longo da cadeia, abrindo a estrutura de dupla hélice do DNA, separando em duas fitas simples, seguido pela DNA polimerase, que catalisa a adição dos nucleotídios e auxiliada por "DNA clamp", que atuam como braçadeiras sobre as polimerases para que permaneçam ligadas ao DNA.

A mutação é a troca de base no DNA que leva a substituição do aminoácido na sequência primária da enzima que será sintetizada.

As mutações observadas são deletérias ou no máximo, neutras e algumas delas são até relativamente comuns. Conforme anteriormente indicado, a mutação de um resíduo de ácido glutâmico por valina na hemoglobina resulta na precipitação da hemoglobina, perda da capacidade de transporte de oxigênio e morte do indivíduo.

Assim, mudanças que alteram de forma importantes as propriedades físico-químicas das proteínas sintetizadas devem levar à inativação da proteína que se encontra naquele gene.

13 - Informação

As formas de uma espécie de ser vivo, suas enzimas e metabolismo específico passam de uma geração para outra, e o sucesso da espécie depende do uso eficiente deste arcabouço de informações para a obtenção de alimento, fuga dos predadores e reprodução. A transmissão da informação química é a base da reprodução e manutenção das características da espécie, e certamente a forma que a informação é armazenada é processada se constitui no desafio maior para entender como a vida teria surgido por meios naturais.

A informação não é material, embora seja necessário algum meio material para que seja transmitida. Nós lidamos com informação todo o tempo, e as formas mais utilizadas são a fala e o alfabeto escrito. Uma pequena análise mostra os componentes para a comunicação entre as duas partes: a mensagem, um código, um codificador, um mensageiro e um decodificador.

A mensagem vem é o ponto central da comunicação e carrega a ação que deve ser passada de um indivíduo para outro; o código é a linguagem comum entre as duas partes, o codificador escreve a mensagem, o mensageiro leva o código e o decodificador traduz o código para a linguagem do receptor.

Ao passar uma mensagem, existe a transmissão de uma ideia, cuja eficiência na transmissão requer a correta interpretação do receptor. Embora possa existir um aparato para transcrever a mensagem: uma caneta, um computador, uma máquina de escrever, o ponto central é que a ideia contida na mensagem seja lida e compreendida.

A linguagem escrita apresenta todos estes componentes, enquanto a linguagem falada dispensa o mensageiro, contudo requer o ar como meio físico para que a mensagem atinja o ouvido do receptor. A informação genética se assemelha à informação escrita, por apresentar uma mensagem (sequência de aminoácidos), um codificador (DNA), o código (equivalência DNA-sequência de aminoácidos) e o decodificador (ribossomo). A linguagem escrita apresenta o resultado final ao leitor, porém a informação genética é ainda mais complexa do que a escrita, porque o resultado – sequência de aminoácidos da enzima – está longe de ser o produto final, a catálise promovida pela enzima.

Contudo, a informação envolve mais do que os componentes: existe uma conjunção em torno do elemento central, o código. Ele transcende a materialidade, é conceitual.

A pergunta é como poderia ter ocorrido a introdução desse conceito na origem da vida? As respostas não são satisfatórias, e usualmente apelam para o comportamento catalítico demonstrado pelas ribozimas, que são enzimas baseadas em RNA.

Por que a vida não continuou utilizando RNA ao invés da predominância de enzimas proteicas? Como surgiu esta interação entre RNA e aminoácidos? E a correlação entre códon e aminoácido? Existiam todos os aminoácidos à disposição? Mesmo aqueles que requerem rotas complexas, como o triptofano ou tirosina ou lisina?

Existe uma riqueza de códigos na bioquímica dos seres vivos: transmissão de informação de uma geração para outra, mensagens para a síntese de proteínas, biossinalizadores para acelerar ou frear o metabolismo ou provocar a morte da célula (apoptose) ou interações com o ambiente.

Em todos esses processos, ocorre a passagem de informação entre as diferentes organelas da célula, e um ser multicelular apresenta um nível de codificação entre as diferentes células, tecidos, órgãos e sistemas, de acordo com a complexidade do ser.

Controle das reações

Além da informação contida na estrutura primária e terciária de enzimas, existem outras formas de informação que não são consideradas, como as velocidades relativas das reações catalisadas.

Para manter as rotas metabólicas funcionando corretamente, existe uma série de freios e aceleradores que funcionam através de mensageiros químicos que inibem ou aumentam a atividade enzimática.

Em uma sequência de reações, a primeira reação é usualmente regulada pelos produtos imediatos ou finais. Se uma reação da sequência ocorrer muito mais rápido do que a reação seguinte, o resultado é a acumulação de um intermediário que não é útil no metabolismo.

A glicólise é o primeiro grupo de reações para a transformação de glicose em energia, e a primeira reação é a transformação de glicose em glicose-6-fosfato utilizando ATP e catalisada pela hexoquinase em uma reação irreversível. A reação é fortemente inibida pela presença do produto, que se liga à hexoquinase e evita o consumo desnecessário de glicose e ATP pela célula. Este não é o único ponto de controle da glicólise anaeróbica.

Outra reação de fosforilação é a transformação da frutose-6-fosfato, catalisada pela fosfofrutoquinase, utilizando ATP. A enzima é inibida por um dos reagentes que é consumido, o ATP e ativada por AMP.

Uma vez que esta enzima atua para a obtenção de energia, é lógico que um acúmulo de ATP indique que seja desnecessária a síntese de ATP. Porém é necessário lembrar que o ATP será sintetizado na mitocôndria pela respiração celular, muitos passos mais para frente, logo o controle é exercido pelo produto de uma cascata de reações e não um produto imediato da primeira reação. Uma diminuição no pH também inibe a fosfofrutoquinase, o que previne um excesso de lactato e a diminuição do pH do sangue (acidose). Poderíamos imaginar que a ativação mais lógica seria realizada pelo ADP, que é o indicativo que o ATP foi consumido, porém parte do ATP é reformado a partir do ADP pela adenilato quinase segundo a reação:

$$ADP + ADP \rightarrow ATP + AMP$$

Ou seja, a fosfofrutoquinase somente é ativada quando a necessidade de energia é suficiente para ligar o sinal de alerta através do acúmulo de AMP.

O controle alostérico sobre as enzimas ocorre através da ligação de diferentes espécies químicas para ativar ou desativar as reações. A atividade destes mensageiros ocorre em um ponto na superfície da enzima diferente da ligação do substrato, e provoca uma mudança na forma da enzima que modifica o sítio ativo, facilitando ou impedindo a entrada do substrato. Os mensageiros não podem ter uma afinidade muito alta com a enzima para que o sinal atue por um tempo determinado, e a enzima seja liberada para funcionar de acordo com a atividade normal.

O controle alostérico é um tipo de informação, em que o metabolismo é acelerado ou retardado, conforme a necessidade do organismo, evitando a formação de moléculas desnecessárias e poupando as reservas. Como teria surgido esta informação por meios naturais? Até o momento não existe resposta ou sombra de evidência.

O código genético

Em todos os seres vivos, a informação em tiras de DNA. Conforme vivos no estudo das biomoléculas, o DNA é composto por sequências de nucleotídios. Parte do DNA é utilizada para codificar a síntese de proteínas. Este processo é expresso no dogma central lançado por Crick foi a sequência DNA – RNA – aminoácidos. O código era onipresente nas diferentes espécies, o que levou à conclusão que já fazia parte de um ancestral comum distante. Assim, o código do DNA surge cedo na história da evolução e permaneceu essencialmente sem modificações.

Por que um código surgiu tão cedo na história da vida? Francis Crick escreveu em 1968, "There is no reason to believe, however, that the present code is the best possible, and it could have easily reached its present form by a sequence of happy accidents",[205] enquanto outro livro popular de bioquímica aponta: "The code seems to have been selected arbitrarily (subject to some constraints, perhaps[206] e um livro de biologia evolutiva vai no mesmo sentido: "The code is then what Crick called a 'frozen accident.' The original choice of a code was an accident; but once it had evolved, it would be strongly maintained." (Ridley, 48)[207]. Assim, o DNA não teria outra propriedade especial ou particular.

Uma leitura além da ideia de tentativa e erro, detecta que as propriedades do DNA são únicas. Enquanto a cadeia fosfórica é capaz de interagir com a água, a deoxiribose é capaz de isolar a água que poderiam competir com as bases nucleotídicas por ligações de hidrogênio.

A ausência do grupo OH da posição 3 da ribose aumenta de forma excepcional a estabilidade do DNA frente às reações de hidrólise e a interação com a água.

As fitas não estão ligadas através do compartilhamento de elétrons entre os átomos (ligações covalentes), mas através de ligações de hidrogênio, que são bem mais fracas. Uma ligação covalente estabiliza entre 50-100 kcal/mol uma molécula, enquanto uma ligação de hidrogênio estabiliza entre 3-5 kcal/mol. O que mantém unidas as fitas é o grande número destas ligações.

Cada par adenina-timina forma duas ligações de hidrogênio e cada par citosina-guanina forma 3 ligações de hidrogênio.

A complementaridade entre as funções presentes nas duas fitas permite que haja uma geometria correta entre os nucleotídios, garantindo a estabilização e o correto posicionamento dos pares, para reduzir os efeitos de mutação e erros de leitura.

Além da parte química, a estrutura do DNA minimiza os erros e otimiza diversas funções simultaneamente,[208] a ponto de ser considerado "um em um milhão".[209]

A replicação do DNA envolve a síntese da outra hélice complementar e por isso, não é uma replicação direta, no sentido que se parte de A e obtém A + A. Uma das faixas do DNA é utilizada como molde para a reprodução da segunda faixa.

A nova fita é submetida a um rígido controle de erros que surgem com a replicação e recombinação passando por mecanismos que identificam a fita-mãe e a fita-filha e enzimas capazes de procurar e reparar os erros. Qualquer mutação que rompe a estrutura de super-hélice do DNA comprometem a estabilidade genética da célula. A anormalidade na expressão dos genes do reparo do DNA está relacionada ao aumento de diversos tipos de câncer, principalmente no estômago e esôfago.[210] Erros típicos no DNA são a formação de pares errados, principalmente G/T e A/C, atribuídos à tautomerização das bases na replicação do DNA.[211]

O erro é reparado pelo reconhecimento da deformação causada pelo erro, e o nucleotídio errado é cortado e substituído pelo correto. A remoção envolve mais do que o nucleotídio errado, estendendo-se a milhares de pares de bases da nova fita de DNA.

Considera-se que a 66 % de 32 formas de câncer se devem a erros de replicação de DNA, 29 % por fatores ambientais e 5 % por mutações hereditárias, embora 65 % dos casos de câncer de pulmão se origine de fatores ambientais e os erros de replicação sejam responsáveis por 35 % dos casos.[212]

As funções das enzimas envolvidas são cooperativas: um grupo identifica e indica as bases erradas, outro grupo corta um trecho do DNA e outro grupo ressintetiza a tira do DNA. Esses mecanismos existem desde os mais simples organismos, como *E. coli* até os mamíferos mais complexos. É um grande esforço dos seres vivos para evitar que ocorram as mutações. Por outro lado, podemos buscar quais os mecanismos para provocar mutações e vemos que o mecanismo principal ocorre através dos transpósons, que é previamente direcionado pelo organismo.

Translação

Após a síntese do RNA mensageiro, ele é dirigido ao ribossomo, que transcreve esta informação. Os ribossomos são estruturas de 29 a 32 nm, presentes em todas as células com exceção de espermatozoides. São formados por um complexo com 80 proteínas e RNA, que se juntam em duas unidades maiores em torno da tira de RNA mensageiro (RNAm) A tira de RNAm é presa em uma fenda do ribossomo a partir do 5', iniciando pelo códon inicial AUG e durante a translação o ribossomo move em direção ao fim 3' até que chegue a um códon final: UAA, UAG ou UGA. Neste momento a cadeia é liberada e o agregado do ribossomo abre em duas subunidades.

A transcrição ocorre pelo emparelhamento de um grupo de três bases de RNA mensageiro com as bases do RNA transportador, que está ligado a um aminoácido específico. Os dois RNAs formam um par códon-anticódon, de acordo com a complementaridade das bases, de acordo com o padrão A com U e C com G.

Assim, a sequência CTC do DNA é transcrita no RNA mensageiro como GAG, e combina com o RNA transportador com o códon CUC, com um glutamato na ponta, inserindo este aminoácido na estrutura primária da proteína.

O início da cadeia requer uma unidade de metionina protegida com um grupo formil sobre o nitrogênio para bloquear reações nesta ponta, deixando livre o grupo carboxil para reagir. Porém a reatividade deste grupo é baixa e requer uma etapa de ativação

A variabilidade necessária para a evolução darwiniana vem das mutações que ocorrem sobre o DNA, que modificam a sequência de bases e o RNA gerado leva a uma sequência diferente de aminoácidos, que altera a proteína. O resultado seria uma lenta acumulação de variações que levariam a novas funções do ser mutante. Porém, as mutações documentadas têm se revelado neutras ou nocivas. O primeiro exemplo documentado foi uma mudança no gene da hemoglobina,[213] em que um CTC é substituído por CAC, e leva à inserção do aminoácido valina em vez do glutamato.

O resultado é a diminuição da solubilidade da hemoglobina no interior do glóbulo vermelho, acarretando a sua precipitação e diminuição no transporte de oxigênio e eventual morte do indivíduo. O glóbulo vermelho passa da forma típica de disco para a forma de foice, o que levou à designação de "anemia falciforme".

Já vimos que o padrão de replicação do DNA é mais complexo do que os padrões das moléculas auto-replicantes: A gera B que gera A. Por exemplo, uma tira que contém CCC, forma GCG e quando esta replica, forma CGC. Porém o objetivo do DNA não é a sua própria replicação, mas sim a geração de RNA mensageiro, que codifica a estrutura primária de uma proteína, e isso é uma pequena parte do conhecimento sobre as funções do DNA. A distância entre a simples replicação e que acontece na prática é enorme e não existe nenhuma pista sobre como esses modelos químicos podem ter sido gerados.

Porém, a replicação não tem sentido, porque o seu produto está longe da atividade final, atribuída às enzimas, e a sua síntese seria apenas um desperdício de matéria e energia. Quem desempenha este papel intermediário entre RNA e enzima é uma tira de RNA chamada de RNA transportador, constituída por algumas dezenas de nucleosídios. Por exemplo, o RNA transportador específico para a fenilalanina do fermento é formado por 77 unidades.

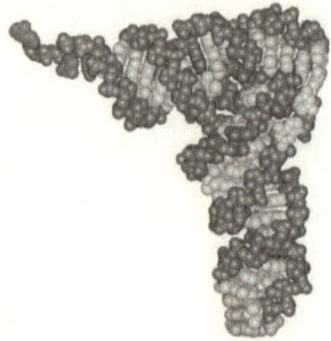

Figura 33: RNA transportador

Os grupos hidrofílicos se voltam para o exterior, enquanto os grupos hidrofóbicos são protegidos da água, com exceção de uma das pontas, chamada de anticódon, cujas três bases estão expostas e na translação interagem com um grupo de três bases do RNA mensageiro, chamado de códon.

Existe uma perfeita correlação entre o anticódon e o aminoácido ligado para que ocorra a entrada do aminoácido correto, porém ambos estão distantes no espaço e na cadeia. As diferentes explicações sobre a forma que teria surgido esta relação códon-anticódon-aminoácido a partir das moléculas simples não são adequadas. A teoria da adaptação está de acordo com o pensamento darwiniano do ganho de funcionalidade baseado em tentativa-erro para minimizar o impacto dos erros na transcrição.[214] O resultado destes erros seria a formação de um grande número de proteínas mutantes assemelhadas que teriam uma atividade sub-ótima semelhante.

Esta hipótese requer um código de partida para ser refinado e explicitamente sugere um núcleo precedente usando outras bases.

A hipótese estereoquímica propõe que haja alguma afinidade específica entre códons, anticódons e aminoácidos, que poderiam ser descobertas usando as ferramentas da química.[215]

A coevolução propõe um código inicial válido para aminoácidos não-biosintéticos, e o surgimento dos aminoácidos biossintéticos levaria a uma expansão do código,[216] aumentando o núcleo de códons de acordo com o desenvolvimento de rotas metabólicas. As críticas a este modelo buscam mostrar que não existe a correlação entre a atribuição de "novos" aminoácidos com as rotas de síntese destes aminoácidos.[217]

O progresso no conhecimento da bioquímica tem revelado novos detalhes que mostram que este processo não é completamente linear.

O DNA gera uma fita de RNA, que não é aquela que vai chegar ao ribossomo, mas passa por um processo de corte em que alguns pedaços serão retirados, chamados de introns.

A menor enzima conhecida é composta por 62 aminoácidos, o que significa que o RNA que originou é formado de 186 nucleotídios. O número de possibilidades de arranjos aleatórios com 186 nucleotídios é de $9,62 \times 10^{111}$. Considerando a massa média dos nucleotídios (338,5 g/mol), a massa deste material seria de $3,25 \times 10^{111}$ kg. A massa da Terra é de $5,94 \times 10^{24}$ kg, assim seria equivalente à massa de $5,45 \times 10^{86}$ Terras e muitas vezes ($\sim 10^{58}$) a massa do Universo observável, estimada em 10^{53} kg. Ao afirmar que a origem da vida é aleatória, é necessário lidar com estes números e encontrar os atalhos para formar as sequências que levaram à formação dos primeiros organismos vivos. Para contornar as dificuldades impostas pela aleatoriedade, são necessários certos atalhos para chegar a estruturas funcionais. Quais são estes atalhos? Até o momento não se sabe e nem existe ideia.

Dobrando proteínas- chaperoninas

A fita de aminoácidos sintetizada não se transforma em uma proteína globular por si mesma, antes passa por outras proteínas maiores chamadas de chaperonas.

As chaperoninas possuem uma abertura e um espaço na forma de barril, com grupos que reposicionam os aminoácidos hidrofóbicos para o interior da futura enzima.

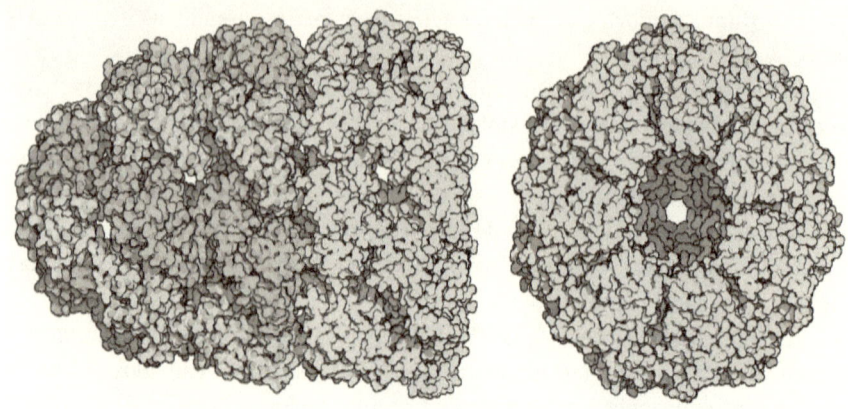

Figura 34: estrutura cônica da chaperona, a partir do site
https://pdb101.rcsb.org/motm/32. David S. Goodsell e RCSB PDB.

Muitas vezes a enzima ainda passa pela remoção de alguns aminoácidos e a cadeia se torna rígida a partir da formação de pontes de dissulfeto. Somente após esses eventos pós-translacionais a enzima se torna ativa.

A fita de aminoácidos é dobrada por enzimas conhecidas como pre-foldinas, que formam um complexo enzimático com as chaperoninas, que dobra corretamente os grupos, virando as cadeias laterais para formar uma região hidrofóbica que dá a característica globular da enzima.

Essas enzimas orientam a definição do sítio ativo, do sítio alostérico, como se tivessem a memória da estrutura final. As ligações peptídicas se orientam para atingir os ângulos de ligação necessários para que a enzima atinja a sua forma final.

O mau funcionamento das chaperonas resulta em erros de empacotamento e agregação das proteínas, formando depósitos conhecidos como amilóides, característico de doenças neurodegenerativas, como o Alzheimer.[218] Ao aquecer um do ovo, as proteínas movem-se mais rápido, se desdobram um pouco, perdem a sua conformação nativa e precipitam, formando uma estrutura sólida. O resultado é uma omelete, e dentro da célula significa a perda de mobilidade das moléculas no citosol e o bloqueio completo das funções celulares.

Limite da química

Uma resposta importante é o mecanismo que levou à cadeia lógica entre capacidade catalítica-estrutura terciária da enzima – sequência de aminoácidos-ribossomo-tRNA. A atual linha de pensamento considera que a origem de toda esta informação inerente à atividade e síntese de enzimas é fruto do acaso.

A escrita é uma codificação em que o leitor percebe que os sons são associados a letras, formando palavras, frases e textos e se percebe que foi escrito por um ser capaz de fazer a codificação reversa e que tinha a intenção que o leitor captasse a mensagem completa. Neste ponto, o ponto de vista naturalista precisaria desmantelar essa ideia de que existe a intenção de um codificador e afirmar que todos esses processos vieram de leis naturais. Neste ponto, a química falha de forma cabal. Não existem grandezas físico-químicas ou quaisquer outras formas de medir este tipo de informação, e também não existem mecanismos conhecidos para gerar este grau de informação. Os químicos com a mais profunda compreensão estrutural, com o maior conhecimento em síntese orgânica e com um sortimento de qualquer reagente químico não é capaz de chegar no primeiro passo para a geração de uma enzima funcional.

As questões referentes à origem dos mecanismos que atuam no código genético, empacotamento de proteínas e regulação de metabolismo coloca questões que a química não consegue responder. A grandeza relacionada com a informação na química é a entropia, relacionada com a probabilidade de um evento ocorrer, o que é muito distante da descrição necessária para qualquer um dos processos biológicos referidos. A química chega ao seu limite e não fornece e nem ter as ferramentas para fornecer evidências sobre o surgimento destes processos. O grau de informação situa-se em um nível superior, muito mais próximo daquele necessário para a programação computacional, com linhas de comando para a execução de tarefas que envolvem processos químicos. São eventos lógicos, que envolvem o controle de fluxo das reações.

14 - Surgimento da vida - LUCA

Depois de tudo isso, chegamos a um ponto de definição: quais são os requisitos químicos mínimos para um ser vivo? Um ser hipotético, que apresenta a funcionalidade química para se diferenciar da matéria inanimada que o cerca, que delimita a fronteira entre a química e a biologia, que apresente uma identidade, capacidade de utilizar a energia que o ambiente fornece na energia para as suas próprias funcionalidades. Este ser é o LUCA - Last universal common ancestor, o ser original a partir do qual todos os seres vivos derivaram.

Pode ser que LUCA não seja o primeiro ser vivo, mas é o ser que além das funcionalidades químicas, agrega a auto-replicação e a capacidade de evoluir. A figura abaixo[219] é um dos modelos que propõe a diferenciação entre os seres vivos. LUCA é o ponto de união no centro do círculo.

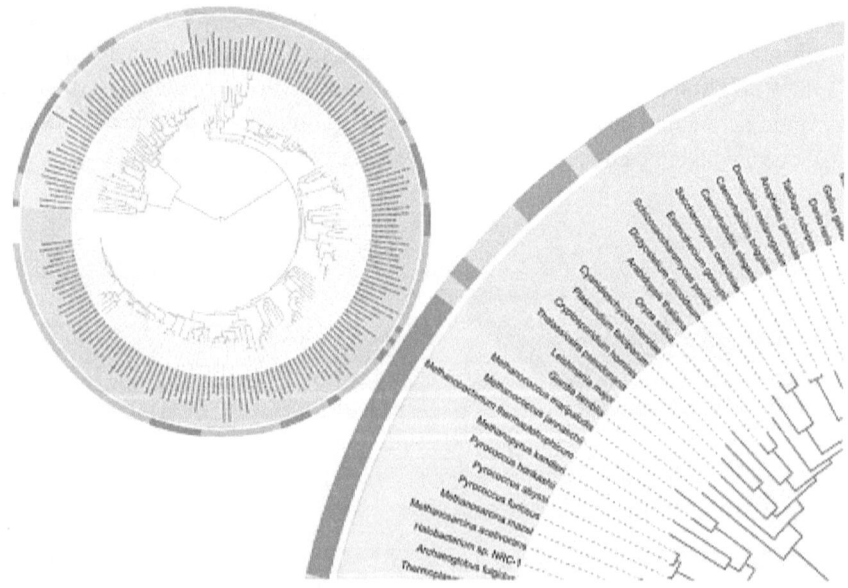

Figura 35: diagrama de origem das espécies a partir de LUCA, situado no centro do círculo

LUCA seria o ancestral comum entre todos os seres conhecidos, contudo pode não ter sido o primeiro organismo vivo. A diferença é que LUCA tem a capacidade de reprodução e suscetível às mudanças no ambiente. Conforme os capítulos anteriores, estima-se que LUCA tenha vivido entre 3,5 a 3,8 bilhões de anos. Conforme Darwin: "Therefore I should infer from analogy that probably all the organic beings which have ever lived on this earth have descended from some one primordial form, into which life was first breathed",[220] : portanto, eu deveria inferir por analogia que provavelmente todos os seres orgânicos que viveram nesta terra sejam descendentes de alguma forma primordial, sobre o qual a vida soprou.

A proposta da existência de LUCA vem da convergência de características dos seres vivos: quase todos os seres vivos apresentam o mesmo código genético, ou seja, a mesma correspondência dos 64 códons para os mesmos 20 aminoácidos; todas as células apresentam ribossomos homólogos que consistem de três moléculas de RNA e 50 proteínas, das quais 20 são universalmente conservadas. Outros componentes conservados são 30 tRNAs, diversos fatores de translação, 18 aminoacil t-RNA sintetases e diversas enzimas que modificam o RNA.

A membrana não fornece informações sobre LUCA, porque Bacteria e Archaea apresentam membranas com uma composição muito distinta, sendo que as primeiras são constituídas por ésteres de ácidos graxos, no segundo, a membrana é constituída por éteres isoprenoides. Além disso, os enantiômeros do glicerol-fosfato são diferentes para as membranas de Bacteria e Archaea e até o momento não existe nenhuma evidência que permita unificar estas características de seres simples para induzir qual seria a membrana do LUCA.

LUCA deve ter sido um organismo unicelular, com uma hélice de DNA em forma de anel flutuando no interior da célula, idêntico às bactérias atuais e com uma morfologia idêntica. Este organismo deve ter uma dinâmica genética capaz de gerar os três reinos de seres vivos (Bacteria, Archaea e Eukaryota) e conter as capacidades comuns aos organismos vivos desses três reinos.[221]

Alguns autores sugerem que o primeiro ser utilizava gradientes de prótons,[222,223] porém essa proposta apresenta um sério problema. A entrada de prótons (H^+) aumentaria o número de cargas positivas, gerando um potencial que inibe o fluxo subsequente de prótons. Para que haja a manutenção do fluxo de prótons, deve haver uma permeabilidade da membrana a íons. O equilíbrio iônico pode ser mantido pela saída do mesmo número de cargas negativas do que cargas positivas ou pela entrada de cargas positivas na mesma quantidade da saída.

O código genético deveria estar baseado no DNA, o que implica no uso de deoxiadenosina, deoxicitidina, deoxitimidina e deoxiguanosina. O DNA seria mantido na forma de dupla-hélice por uma enzima-templato, a DNA polimerase e a integridade do DNA deveria ser mantida por uma DNA topoisomerase, DNA ligase e outras enzimas de reparo e protegido por histonas.

Apenas 20 aminoácidos seriam utilizados, o que exclui diversos outros aminoácidos possíveis produzidos nos experimentos de Miller, e apenas os isômeros *L* seriam utilizados, e a fonte de energia para promover a reação seria o ATP. O código genético seria composto por códons com três nucleotídios, levando a 64 códons distintos. Alguns destes codificam o mesmo aminoácido, uma vez que são 20 aminoácidos codificáveis, embora alguns pesquisadores apontem que o triptofano tenha aparecido depois.[224]

O código genético seria expresso em proteínas, sintetizadas a partir dos aminoácidos livres por translação de um RNA mensageiro através de um mecanismo composto de ribossomos, RNA de transferência e um grupo de proteínas relacionadas. Os ribossomos seriam compostos de duas subunidades, uma grande 50S e uma pequena 30. Cada subunidade de ribossomo seria composta de um núcleo de RNA ribossomal, cercado por proteínas. Ambos os tipos de RNA (ribossomal de RNA de transferência) desempenham uma função central na atividade catalítica dos ribossomos.

A célula conteria um citoplasma baseado em água, cercado por uma membrana fosfolipídica dupla. Dentro da célula a concentração de sódio seria menor e potássio maior do que na parte externa. O gradiente seria mantido por transportadores iônicos específicos. A célula multiplicaria todos os seus componentes, seguido por uma divisão celular.

Um estudo[225] de 2011 sobre a estrutura dos acidocalsomas, organelas granulares ricas em cálcio e fosfato, que guardam fósforo, íons metálicos, atuam no metabolismo do pirofosfato, mantêm o pH intracelular, osmoregulação e a homeostase do cálcio demonstrou sua ocorrência nos três superreinos dos seres vivos (Archaea, Bacteria e Eukarya), assim como a enzima V-H+-PPase, o que sugere sua existência a partir de LUCA. Assim, LUCA seria mais complexo do que se imaginava antes, com uma grande compartimentalização interna

Uma pista sobre a identidade de LUCA veio do sequenciamento do genoma de diversas árvores filogenéticas de procariontes realizado por William F. Martin em 2016,[226] que identificou 286.514 clusters de proteínas que deveriam ser comuns a um ancestral comum.

As conclusões do estudo mostram "LUCA como anaeróbico, fixador de CO_2, dependente de H_2 com uma via Wood-Ljungdahl, fixador de N_2 e termofílico. A bioquímica de LUCA estaria repleta de clusters FeS e mecanismos de reações radicalares. Seus cofatores revelam dependência de metais de transição, flavinas, S-adenosilmetionina, coenzima A, ferredoxina, molibdopterina, corrinas e selênio. Seu código genético necessita de modificações nucleosídicas e metilações dependentes de S-adenosilmetionina." Todas estas "necessidades" deveriam ser supridas por rotas importantes de síntese de aminoácidos, ácidos nucleicos, ácidos graxos e uma série de rotas de biossíntese de vitaminas. Além das moléculas orgânicas, estariam presentes diversos compostos organometálicos, usando principalmente ferro, que requerem mecanismos de absorção específicos, bem como de controle ativo para regular sua entrada e saída pelas membranas.

Toda essa descrição apresenta um fundamento químico, com uma grande variedade de moléculas orgânicas e uma diversidade de reações orgânicas ocorrendo, na maior parte endotérmicas, com estereoespecificidade (apenas um enantiômero formado).

Este é o ponto da passagem do bastão da química para a biologia, quando as ideias de Charles Darwin sobre a evolução das espécies por meios naturais começariam a ocorrer. Quais respostas que o atual conhecimento oferece para o surgimento espontâneo de

LUCA? Nenhum, não temos a mínima ideia sobre como surgiu. Não é possível explicar a formação dos componentes mais básicos para a vida: açúcares, aminoácidos, lipídios, etc. Quanto mais estruturas complexas como enzimas, membranas plasmáticas e uma lógica baseada em reações em sequência, regulação metabólica, informação e transcrição.

Lixo ou não?

Nos seres humanos, a parte do DNA que codifica proteínas é de 2%, o que motivou muitos pesquisadores, inclusive o coordenador do projeto genoma humano e Prêmio Nobel de 1962, Dr. James Watson a afirmar que os 98 % do DNA eram DNA lixo "junk DNA", genes inutilizados pela evolução que permaneceram no DNA e que seria mais uma prova da evolução.

A quantidade de DNA não-codificante varia muito entre as espécies, e seria uma prova do avanço evolutivo. Contudo, não foi verificado nenhuma relação com a complexidade dos seres. Por exemplo, a cebola tem cinco vezes mais DNA não-codificante que o homem e o genoma do protozoário *Polychaos dubium* (anteriormente conhecido como *Amoeba dubia*) tem 200 vezes o tamanho do genoma humano, enquanto a planta carnívora *Utricaria Gibba* tem 97% do seu DNA codificante. Porque ocorrem essas discrepâncias ainda é matéria de controvérsia e não existem respostas definitivas.

Por esse raciocínio, a base da árvore genealógica das espécies estaria muito próxima dessa planta. Por outro lado, o organismo que mais teria evoluído seria a ameba, porque teria acumulado mais DNA lixo na sua carga genética. Esta questão é chamada o enigma-C. O valor-C é a quantidade de DNA em um núcleo haplóide (célula com um par de cromossomos – um gameta), e normalmente se refere ao tamanho do genoma.

Figura 37: apenas 3% do DNA de Utricularia gibba não é codificante

A função do DNA não-codificante ainda está sob investigação, porém cada vez mais são descobertos elementos diferentes que mostram que a teoria do "junk DNA" não é correta. Diversas funções bioquímicas têm sido adicionadas ao cinto de utilidades do DNA. Um destes elementos são os íntrons: sequências de DNA que são transcritas para o RNA durante o processo de transcrição, mas que são removidos no processo de maturação do RNA. Assim, a partir de uma tira de DNA podem ser obtidas diferentes enzimas, conforme a remoção dos introns.

Transposons

Os elementos de transposição (transpósons) são sequências de DNA que mudam de posição no genoma, alterando-o e modificando o seu tamanho. A sua descoberta levou ao Prêmio Nobel de Bárbara McClintock em 1983. Os elementos de transposição constituem 90% do genoma do milho[227] e 44% do genoma humano.[228]

A forma mais comum de classificar os transpósons é o modo de transposição: através de "copy-paste" a partir da transcrição reversa do RNA ou por "cut-paste" do DNA.[229] Embora se tenha atribuído aos transpósons elementos de variabilidade genética e evolução, novas evidências mostram que as espécies têm a sua regulação dos elementos de transposição.[230] Além do mais, este argumento parece como se a evolução criasse a evolução, como uma forma de teleologia científica, sem uma explicação mais fundamental.

A forma que os transpósons atuam ainda não é compreendida, e estão conectados à expressão de genes, envolvendo cerca de 350 proteínas humanas através de uma interação complexa. Estes trechos de DNA foram considerados como DNA lixo (junk DNA), resquícios de genes que não eram mais importantes na evolução, e utilizados por proeminentes cientistas como Francis Collins[231] para comprovar uma evolução darwiniana guiada.

O avanço no conhecimento tem destruído diversas interpretações errôneas a este respeito,

Pseudogenes

Os pseudogenes são genes que foram "silenciados", ou seja, não desempenham mais a função de codificar uma proteína. Entre estes está o gene que codifica as proteínas da vitamina C em humanos e outros primatas. Aparentemente, não existe nenhuma vantagem evolutiva no silenciamento deste gene. Embora a lei de Dollo[232] afirme que os processos evolutivos não são reversíveis, tem-se proposto que a funcionalidade de gens silenciados pode retornar e serem reativados como sequências codificantes de proteínas. Pesquisadores têm utilizado os pseudogenes como estimativa da velocidade de mutação, porque não sofreriam pressão da seleção natural.

Sequências repetidas de genes foram descobertas, assim algumas proteínas podem ter dois *loci* de codificação.

Genes órfãos

Um desafio particular é a explicação dos genes "órfãos", que aparecem em apenas uma espécie, e como aparecem apenas uma vez na árvore das espécies, devem evoluir rapidamente e sua história não pode ser definida na história da árvore genealógica. Esse tipo de genes compõe mais de um terço de todos os genes, incluindo bacteria, archaea e phagos.[233]

Química e Evolução

O consenso entre os biólogos é a separação entre os princípios que regem as espécies químicas inanimadas e os seres vivos. A Termodinâmica e a Cinética química são o fundamento das transformações químicas, enquanto a evolução darwiniana fundamentada em mutação randômica e seleção natural, regula os seres vivos.

Contudo, o exame de diversos artigos e livros revela que existe uma sobreposição entre estas duas abordagens, nos dois sentidos.

O Livro de Addy Pross propõe que o motor da geração e complexificação de moléculas orgânicas para a vida é a cinética das reações químicas, em que moléculas complexas seriam formadas até chegar a alguma molécula capaz de ter uma auto-catálise, e nesse ponto haveria uma grande aceleração na sua formação, direcionando a síntese para formar mais de si mesma. A evolução darwiniana seria um refinamento deste mecanismo.

No outro sentido, existe a ideia de evolução química, em que os processos químicos seriam submetidos a alguma pressão evolucionária, em que a formação de agregados moleculares estáveis direcionaria as reações no sentido da formação de mais agregados.

Embora o discurso preponderante seja a separação entre os processos químicos e biológicos, é necessário que haja uma transição até que a competição pelos nutrientes defina o modelo darwiniano do "survival of the fittest". Este ponto não foi definido do ponto de vista químico: qual seria o passo que poderíamos marcar como o início da validade da evolução darwiniana: o fim do suprimento de aminoácidos ou RNA, o surgimento da membrana, a primeira reprodução?

Embora a compreensão que as mutações operem de forma lenta, alguns eventos não são compatíveis, e um deles é a "explosão do Cambriano". O período cambriano se deu há cerca de 541 milhões de anos, no qual a maioria dos filos surgiram, de acordo com os registros fósseis, e por cerca de 20-25 milhões de anos, resultou na divergência dos metazoários.

O próprio Charles Darwin reconheceu as dificuldades que este repentino surgimento de filos inteiro colocava à teoria da evolução. A solução foi criar a hipótese do "equilíbrio pontuado", desenvolvida por Eldredge e Gould no início da década de 1970, em que a variação das espécies ocorreria através de grandes períodos de estagnação, pontuada por curtos períodos de mudanças rápidas.[234]

O neodarwinismo combina a mutação com a seleção natural. O indivíduo sofre mutações no DNA que comunicam novas características, e a seleção natural leva a uma definição sobre as mutações que melhorem a capacidade de sobrevivência dos descendentes. Essas mutações benéficas são passadas à sua descendência e o acúmulo leva a uma nova espécie. Esta combinação requer o isolamento geográfico para que não ocorra a dispersão genética da nova espécie na comunidade de indivíduos.

A TIMA (template induced molecular assembly) conecta a química com a biologia,[235] e considera que as mutações ocorrem de forma não-randômica. A "seleção molecular" ocorre em enzimas, interações códon-anti-códon e propõe um mecanismo para que as modificações ocorram, restringindo àquelas que são permitidas pelas interações.

Atualmente se considera que a duplicação de genes e a transferência horizontal de genes sejam os motores para a evolução darwiniana. Estes fenômenos são conhecidos[236] e permitem a introdução de informação genética muito mais rápida do que a mutação ponto a ponto. Diversos mecanismos que atuam sobre o DNA têm sido descobertos, porém o resultado é a adaptabilidade ao ambiente. A geração de novas espécies continua no campo especulativo, e o experimento mais próximo para esclarecer a questão adaptação/evolução é o "Long-term Evolution Project", iniciado em 1988, que estuda as variações sobre a bactéria *E.coli* e já passou de 59.000 gerações em condições controladas.[237] As culturas da bactéria são submetidas a diversas condições e congeladas a cada 75 dias (500 gerações). Uma das variações observadas foi o uso de citrato, substituindo a glicose como fonte de alimentação, em uma das linhagens. Esta variação é suficiente para definir uma nova espécie?

Existe algo que assombra o pensamento científico atual, a possibilidade da conclusão que as rotas metabólicas, enzimas, membranas deveriam estar todos presentes ao mesmo tempo, sem a possibilidade do gradualismo.

A dificuldade desta conclusão é a sua consequência "teológica", que poderia implicar em uma inteligência superior com uma capacidade criativa, e a natureza sobrenatural do criador, contrário à visão naturalista da maior parte da comunidade científica. De fato, ciência e naturalismo são hoje indistinguíveis, ao ponto de um justificar o outro.

A maior parte dos artigos científicos produzidos na química não tem implicações adicionais fora da química, relata a síntese de um composto ou uma série de compostos, suas propriedades, novas metodologias de reação, isolamento e caracterização de produtos naturais. Todos estes experimentos apresentam uma reprodutibilidade e as condições iniciais são conhecidas.

Contudo a tema da origem da vida apresenta dificuldades para avançar nas conclusões, porque as condições em que ocorreram as transformações não são conhecidas e influenciam radicalmente nos resultados. A presença de água, amônia, o pH das soluções, a presença de metais, a incidência de radiação, a concentração de gases da atmosfera e a temperatura são variáveis que alteram qualquer experimento e o estabelecimento das condições iniciais leva a um compromisso sobre as condições iniciais.

A realização em um ambiente seco significa que a transformação ocorreu em um deserto;

a realização na atmosfera atual leva em conta a concentração presente de gases, a presença de ozônio que filtra os raios UVB (280-315 nm), e assim por diante. As condições em que são realizados os experimentos em laboratório estão de acordo com uma concepção específica das condições pré-bióticas.

Pontos finais

O avanço na química mostrou que os limites impostos ao surgimento e manutenção da vida são muito estreitos: condições de pressão, temperatura, presença de água, nutrientes, acidez, entre tantos outros requisitos.

A compreensão da bioquímica sobre a complexidade da vida aumentou de forma vertiginosa nos últimos 150 anos, enquanto o avanço da química sobre os eventuais processos que originaram as primeiras formas de vida estão estagnados, a tal ponto que as palavras de Darwin sobre a origem da vida expressos na terceira edição de *The Origin of Species*, publicada em 1861«...it is no valid objection that science as yet throws no light on the far higher problem of the essence or origin of life» continuam válidas.

Milhares de páginas foram publicadas sobre esse assunto, e a química é fundamental para a resolução, porém até agora as conclusões foram no sentido contrário ao esperado: não foram encontrados mecanismos adequados para síntese de diversos aminoácidos e muito menos dos peptídios, as condições para a síntese de carboidratos não são realistas, não existem evidências para a presença de formaldeído no ambiente primitivo. As condições para o surgimento da homoquiralidade são inconclusivas.

A formação de agregados vesiculares ocorre espontaneamente, porém não foi identificada a síntese de cadeias lineares de lipídios e os mecanismos que expliquem o surgimento da incorporação de proteínas ligadas à membrana celular e proteínas transmembrana não foi sequer discutido.

A captura de energia através da fotossíntese é considerada muito complexa para que tenha ocorrido em um primeiro momento, e recorre-se às fontes hidrotermais como fonte de energia, através da oxidação de sulfeto de hidrogênio, mas estes processos também estão longe de serem simples.

O que as principais correntes da ciência oferecem é que não há "um porque", não há "o onde" e o mais importante para uma ciência natural, não há "o como". O progresso científico abriu grandes brechas no otimismo que surgiu após o experimento de Miller-Urey e a descoberta do DNA, mas o discurso atual passou da certeza da descoberta iminente para um ceticismo sobre uma resposta única e incisiva e timidamente aponta para a necessidade de pesquisa, sendo que os resultados estão postos, mas a conclusão é que existe uma contradição entre eles e o naturalismo.

As teorias sugerem experimentos para a sua comprovação ou refutação. Porém a geração abiótica da vida, segundo o naturalismo, não aceita a própria refutação, porque o seu fundamento não é científico, mas sim teológico, resultado de uma metafísica em que o universo é consequência da aplicação das forças naturais. Contudo o Big-Bang é considerado uma "singularidade", e não é possível conhecer com surgiram as forças naturais sem matéria, espaço, energia e tempo.

Talvez a única resposta que seja como "não foi" o surgimento da vida, em que as evidências mostram que não foi através do mundo RNA ou pela condensação dos aminoácidos e o pensamento científico hegemônico exclui de forma veemente as respostas que passam pela criação.

Um dos pontos que diferencia a forma de pensar entre o químico e biólogo é a causalidade dos eventos: o químico reconhece as leis da termodinâmica e os padrões de reatividade como fundamentais para explicar as modificações da natureza, enquanto o biólogo procura a teleonomia, em que as estruturas biológicas têm uma função. Ao estudar um evento bioquímico, o biólogo reconhece que existe uma causa e não diz "é fruto do acaso", porque se as funcionalidades fossem frutos do acaso, não seria esperada a sincronia entre as partes, que é justamente o que se procura em um ser vivo e o que é observado.

A química já passou por um erro de conceito que atrasou o seu desenvolvimento científico, a teoria do flogisto, com suas raízes nas teorias gregas sobre a composição da matéria baseada nos elementos ar, água, terra, fogo e éter e formulada em 1667 por Johann Becher, para explicar as reações de queima. A teoria vigorou até 1789, quando os rigorosos experimentos de Lavoisier demonstraram que era a reação com um elemento do ar, o oxigênio, que provocara tanto a perda de massa na matéria orgânica quanto o ganho de massa nas reações com metais.

Existem outras fontes para beber, com um compromisso distinto para a reflexão científica. A ideia do "Intelligent Design" propõe um agente criador externo, porém existe uma questão: a maioria dos pesquisadores considera que este compromisso significa uma quebra científica. As perguntas "como surgiram as máquinas moleculares?" são respondidas "o Criador fez", o que limitaria o avanço na compreensão. Porém se estamos lidando com um Criador realmente inteligente, podemos descobrir como estas máquinas funcionam e aprender algo, e a observação dos eventos químicos da natureza tem inspirado diversos pesquisadores em química.

A compreensão teológica faz parte da natureza humana, tanto na afirmação quanto na negação. O cientista deve manter a sua integridade intelectual e deixar os experimentos científicos falarem por si mesmo, sem que os resultados sejam contaminados, que não haja filtro seletivo para divulgação dos resultados e que as conclusões sejam claras. Na ciência, é melhor não ter teoria nenhuma do que uma teoria falsa e que induz um pensamento errôneo, porque a interpretação dos eventos naturais pode ser contaminada por teorias equivocadas.

1.Origins of life: the central concepts; F. Joyce, et al. em D.W. Deamer, et al. (Eds.), Jones & Bartlett, Boston, 1994, p. xi–xii.

2.Discorsi e Dimonstrazioni Matematiche, intorno a due nuoue scienze; Leida: Apresso gli Elsevirri, 1638, ISBN0-486-60099-8; Galilei, Galileo.

3.Escherichia coli and Salmonella: Cellular and Molecular Biology (2 Volumes) 2nd Edition, (Editor)ASM Press, Neidhardt, F. C.

4.The complete genome sequence of Escherichia coli K-12, Science 277, 5331, 1453-62, 1997; Blattner, F.R. et al.

5.The minimal gene complement of Mycoplasma genitalium; Science 270, 5235, 397-403, 1995 Fraser, C.M. et al.

6.Identification of interstellar X-ogen as HCO^+; Astrophysical. J. (Letters) 205, 1976, L97; 1976 Krämer and Diercksen.

7 Detection of C60 and C70 in a Young Planetary Nebula; Science 329, 1180, 2010; Cami, J.,Bernard-Salas, J.,Peeters, E.; Malek, S. E.

8 Prebiotic chemicals — amino acid and phosphorus — in the coma of comet 67P/Churyumov-Gerasimenko; Science Advances 2, 5, 2016, doi: 10.1126/sciadv.1600285; K. Altwegg et al.

9 Life on Mars: Evidence from Martian Meteorites-NASA Johnson Space Center, 2009. Consultado em 15 de outubro de 2016; David S. McKay et al.

10 Enigma de outro mundo; Revista Superinteressante, dezembro 2003; Consultado em 27 de janeiro de 2016; Miranda, C., Barcelos, E. D.

11.A simple inorganic process for formation of carbonates, magnetite, and sulfides in Martian meteorite ALH84001; American Mineralogist. 86, 3, 370, 2001; Golden, D. C.

12.High molecular diversity of extraterrestrial organic matter in Murchison meteorite revealed 40 years after its fall; PNAS, 107, 7, 2763, 2010, doi:10.1073/pnas.0912157107; Schmitt-Kopplin, Philippe et al.

13.Molecular and chiral analyses of some protein amino acid derivatives in the Murchison and Murray meteorite; Meteoritics & Planetary Science, 36, 6, 897, doi: 10.1111/j.1945-5100.2001.tb01929.x; Pizzarello, S., Cooper, G.

14 Extraterrestrial nucleobases in the Murchison meteorite; Earth and Planetary Science Letters. 270: 130,doi:10.1016; Martins, Z. et al.

15. The chemical composition of the Earth; Earth and Planetary Science Letters 134 (1995) 515; Allègre, C. J., Poirier, J. P., Humler, E., Hofmann, A. W.

16. Early solar system timescales according to ^{53}Mn – ^{53}Cr systematics, Geochim. Cosmochim. Acta, 62, 2863, 1998; Lugmair, G. W., Shukolyukov, A.

17. Planetary accretion in the inner solar system. Earth Planet. Sci. Lett. 223, 241, 2004; Chambers J. E.

18. Terrestrial Accretion Rates and the Origin of the Moon; Earth Planet. Sci. Lett. 176, 17, 2000; Halliday, A.N.

19 Metal-silicate Fractionation in the Growing Earth:Energy Source for the Terrestrial Magma Ocean; J. Geophys. Res. 91, 9231, 1986; Sasaki, S., Nakazawa, K.

20 A short timescale for terrestrial planet formation from Hf–W chronometry of

meteorites. Nature 418, 949, 2002; Yin Q. Z., Jacobsen S. B., Yamashita K., Blichert-Toft J., Télouk P. and Albarè de F.

21. Rapid accretion and early core formation on asteroids and the terrestrial planets from Hf–W chronometry; Nature 418, 952, 2002; Kleine T., Münker C., Mezger K., Palme H.

22. 3.5-Ga hydrothermal fields and diamictites in the Barberton Greenstone Belt— Paleoarchean crust in cold environments; Science Advances, doi: 10.1126/sciadv.1500368; Maarten J. de Wit, Harald Furnes.

23   . Earth and Mars: Evolution of Atmospheres and Surface Temperatures; Science, 177, 4043 52-56, 1972; Sagan, C.; Mullen, J.

24. Como Sabemos a Idade das Rochas? Serviço Geológico do Brasil. Consultado em 01 de fevereiro de 2015, Pércio de Moraes Branco.

25. Half-life of the electron-capture decay of 97Ru: Precision measurement shows no temperature dependence; Phys.Rev.C, 80:045501,2009, doi:10.1103; Goodwin, J. R., Golovko, V. V., Iacob, V.E., Hardy, J.C.

26 Zircon U-Th-Pb Geochronology by Isotope Dilution – Thermal Ionization Mass Spectrometry (ID-TIMS); Zircon (eds. J. Hanchar and P. Hoskin). Reviews in Mineralogy and Geochemistry, Mineralogical Society of America. 183-213, 2003; Parrish, R., Noble, S..

27. Hf–W chronology of the accretion and early evolution of asteroids and terrestrial planets; Geochimica et Cosmochimica Acta, 73, 5150,2009; Kleine, T. et al.

28. Evidence for biogenic graphite in early Archaean Isua metasedimentary rocks; Nature Geoscience 7, 25, 2014, doi:10.1038/ngeo2025; Ohtomo, Y., Kakegawa, T., Ishida, A., Nagase, T., Rosing, M. T.

1.29 U-rich Archaean sea-floor sediments from Greenland-indications of > 3700 Ma oxygenic photosynthesis; Earth Plan. Sci. Lett., 217, 237, 2004; Rosing, M. T., Frei, R.

1.30 When did oxygenic photosynthesis evolve?; Phil. Trans. R. Soc. Lond. B, 363, 2731,2008; Buick, R.

31 Rapid emergence of life shown by discovery of 3,700-million-year-old microbial structures; Nature, doi:10.1038/ nature19355; Nutman, A. P. at al.

32 Stromatolites 3,400–3,500 Myr old from the North Pole area; West. Aust.; Nat. 284, 443, 1980; Walter, M. R., Buick, R., Dunlop, S. R.

33 Fluctuations in Precambrian atmospheric oxygenation recorded by chromium isotopes; Nature 461, 7261, 250, 2009; Frei R. et al.

34 The oxygenation of the atmosphere and oceans; Philosophical Transactions of the Royal Society, Biological Sciences 361, 903, 2006; Holland, H. D.

35 Early Earth: Oxygen for heavy-metal fans; Nature 461, 179, 2009; Lyons, T., Reinhard, C.T.

36   . A whiff of oxygen before the great oxidation event? Science 317, 5846,1903, 2007; Anbar A.et al.

37 The natural history of oxygen; The Journal of General Physiology 49, 1, 5, 1965; Dole M.

38 Why O_2 is required by complex life on habitable planets and the concept of planetary "oxygenation time"; Astrobiology 2005, 53,415; Catling, D. A. et al.

39.Extraterrestrial cause for the cretaceous-tertiary extinction; Science 208,1095, 1980; Alvarez LW, Alvarez W, Asaro F, Michel HV.

40 3D seismic reflection mapping of the Silverpit multi-ringed crater, North Sea; Bull. of the Geological Society of America 117, 354,2005, doi:10.1130/B25591.1; Stewart, S.A., Allen, P.J.

41 The Boltysh, another end-Cretaceous impact; Meteorites & Planetary Science 37, 8, 1031, 2002; Kelley, Simon P. Gurov, Eugene.

42 Three-dimensional preservation of cellular and subcellular structures suggests 1.6 billion-year-old crown-group red algae; PLoS Biol 15, 3, 2017, doi:10.1371/journal.pbio.2000735; Bengtson S, Sallstedt T, Belivanova V, Whitehouse M.

43 Para uma revisão sobre a amônia na atmosfera: Ammonia in the atmosphere: a review on emission sources, atmospheric chemistry and deposition on terrestrial bodies, Environ. Sci. Pollut. Res. Int. 20, 11, 8092, 2013, doi: 10.1007/s11356-013-2051-9; Behera SN, Sharma M, Aneja VP, Balasubramanian R.

44 The oxidation state of Hadean magmas and implications for early Earth's atmosphere; Nature 480, 79, 2011, doi:10.1038/nature10655; Trail, E.; Watson, E.B.; Tailby, N. D.

45 A hydrogen-rich early Earth atmosphere; Science 13, 308, 5724, 1014, 2005; Tian, F.; Toon, O. B.; Pavlov, A. A., De Sterck, H.

46 The hydrogenation of carbon dioxide in parts-per-million levels; https://web.anl.gov/PCS/acsfuel/preprint%20archive/Files/Volumes/Vol14-3.pdf; Randhava. C.C., Rehmat, A.

47 The natural history of oxygen; The Journal of General Physiology, 49, 1, 5, 1965; Dole, M.

48 Carbon dioxide in water and seawater: the solubility of a non-ideal gas; Mar. Chem. 2, 203, 1974; Weiss, R.F.

49 The values of pK_1 and pK_2 for the dissociation of carbonic acid in seawater; Geochim. Cosmochim. Acta 66, 14, 2529, 2001; Prieto F.J.M., Millero F.J.

50 http://www.pmel.noaa.gov/co2/story/What+is+Ocean+Acidification%3F, acessado em 28 de junho de 2016.

51.Early accretion of water in the inner solar system from a carbonaceous chondrite–like source; Science 346, 6209, 623, 2014 doi: 10.1126/science.1256717; Sarafian, A. S. et al.

52 The Biological Chemistry of the Elements The Inorganic Chemistry of Life, Oxford University Press; J. J. R. Fraústo da Silva, J. J. R., Williams, R. J. P.

53.Proterozoic Ocean Chemistry and Evolution: A Bioinorganic Bridge?; Science 297 (2002) 1137; Anbar, A. D., Knoll, A. H..

54 A new model for Proterozoic ocean chemistry; Nature 396 (1998) 450; Canfield, D. E.

55 Evidence from detrital zircons for the existence of continental crust and oceans on the Earth 4.4 Gyr ago; Nature, 409, 175, 2001; Wilde, S. A., J. W. Valley, W. H. Peck and C. M. Graham.

56 Priscoan (4.00-4.03 Ga) orthogneisses from northwestern Canada; Contributions to Mineralogy and Petrology,134, 3, 1999; Bowring, S. A.; Williams, I. S.

57 Neodymium-142 evidence for Hadean mafic crust; Science 321, 5897,1828–31, 2008; O'Neil, J.; Carlson, R.; Francis, D.; Stevenson, R.

58 Chronology, geochemistry, and petrology of a ferroan noritic anorthosite clast from

Descartes breccia 67215: Clues to the age, origin, structure, and impact history of the lunar crust, Meteoritics and Planetary Science, 38, 645, 2003; Norman, M. D., Borg, L. E., Nyquist, L. E., Bogard, D. D.

59 https://www.nasa.gov/content/goddard/mars-organic-matter

60 The Global Carbon Cycle: A Test of Our Knowledge of Earth as a System; Science 290, 5490, 291, 2000, doi:10.1126/ science.290.5490.291; Falkowski, P. et al.

61 Pressure as a Tool in the Chemical Industry of the Future; Ind. Eng. Chem. 23, 111, 1931; Frohlich, K.

62 Para maiores dados veja The Solubility of Carbon Dioxide in Water at Low Pressures; J. Phys. Chem. Ref. Data 20,6, 1991; Carrol, J. J., Slupsky, J. D., Mather, A. E.

63 Reduction of nitrogen compounds in oceanic basement and its implications for HCN formation and abiotic organic synthesis; Geochemical Transactions, 10, 9, 2009, doi: 10.1186/1467-4866-10-9; Holm, N. G.; Neubeck, A..

64 Measuring enzyme activities under standardized in vivo-like conditions for systems biology. FEBS J. 277, 3,749-, 2010; van Eunen K et al.,

65 Intracellular pH; Physiol. Rev., 61, 2, 296, 1981; Roos, A., Boron, W.F.

66 Systematics and Evaluation of Meteorite Classification, em Lauretta, D. S., McSween, H. Y. Jr., Meteorites and the early Solar System II, Tucson: University of Arizona Press. 19–52 ISBN 978-0816525621, 2006; Weisberg, M. K., McCoy, T. J., Krot, A. N.

67 Evidence for a Fe^{3+}-rich pyrolitic lower mantle from (Al, Fe)-bearing bridgmanite elasticity data; Nature 543, 543 2017, doi:10.1038/nature21390; Kurnosov, A., Marquardt, H., Frost, D. J., Ballaran, T. B., Ziberna, L.

68 Extraterrestrial Life: An Anthology and Bibliography- The formation of Organic Compounds on the Primitive Earth; National Academies, 1966; Elie A. Shneour, Eric A. Ottesen

69 Serpentinization, iron oxidation, and aqueous conditions in an ophiolite: Implications for hydrogen production and habitability on Mars; Earth and Planetary Science Letters, 416, 2015, Pages 21–34; Greenberger, R. N., et al.

70 Mars Global Surveyor TES Instrument Identification of Hematite on Mars; NASA MGS TES Press Release, May 27, 1998.

71 Global mineral distributions on Mars; J. Geophys Res., 107, 2002, doi:10.1029/2001JE001510; Bandfield, J.L.

72.https://science.nasa.gov/science-news/science-at-nasa/2000/ast20dec_1

73.Magnetite morphology and life on Mars; PNAS 20, 98,13490, 2001, doi: 10.1073/pnas.241387898; Buseck, R. P et al.

74 $Ca_3(PO_4)_2$ - Kps = $2,07 \times 10^{-33}$

75 $Mg_3(PO_4)_2$ - Kps = $1,04 \times 10^{-24}$

76 Zinc Biochemistry: From a Single Zinc Enzyme to a Key Element of Life; Adv. Nutr. 4, 82, 2013, doi:10.3945/ an.112.003038; Maret, W.

77.Thermdynamics and kinetics of spontaneous generation; Nature 186, 693, 1960; Hull, H. E.

78 Doubt and uncertainty; Bubbles, ripples and mud em Origins, A Skeptic's Guide to the Creation of Life on Earth, 190-224. New York: Summit Books, 1986; Shapiro, R.

79 Limitations on prebiological synthesis; Journal of Theoretical Biology 24, 56, 1969;

Hulett, H. R.
80 Microwave detection of interstellar formamide; Astrophys J., 169:L39–L44, 1971; Rubin, R.H, Swenson, G.W., Benson, R.C., Tigelaar, H.L., Flygare, W.H.
81 A molecular line survey of Sagittarius B2 and Orion-KL from 70 to 115 GHz II. Analysis of the data. Astrophys J Suppl Ser.,76, 617, 1991; Turner, B.E.
82 New molecules found in comet C/1995 O1 (Hale-Bopp); Astron Astrophys., 353, 1101,2000; Bockelee-Morvan, D., et al.
83 Evolution of the outgassing of comet Hale-Bopp (C/1995 O1) from radio observations; Science, 275, 1915, 1997; Biver, N. et al.
84 Kinematics and chemistry of the hot molecular core in G34.26+0.15 at high resolution; Astrophys J., 659, 447, 2007; Mookerjea, B, Casper, E, Mundy, L. G., Looney L.W.
85 Advances in the prebiotic synthesis of nucleic acids bases: Implications for the origin of life; Curr. Org. Chem., 8, 1425, 2004; Saladino, R., Crestini, C., Costanzo, G., Di Mauro, E.
86 The Limits of Organic Life in Planetary Systems; The National Academies Press: Washington, DC, 2007; 100 páginas; Baross, J. et al..
87 Hydrolysis of formamide at 80.degree.C and pH 1-9; JOC 46, 16, 3186, 1981, doi: 10.1021/jo00329a007; Hine, J., King, R. S. M., Midden, E. R., Sinha, A.
88 Amplification of enantiomeric concentrations under credible prebiotic conditions; PNAS. 103, 35, 12979, doi: 10.1073/pnas.0605863103; Breslow, R., Livine, M. S.
89 Mineral surfaces, geochemical complexities, and the origins of life. Cold Spring Harb. Perspect. Biol., 2010, doi: 10.1101/cshperspect.a002162; Hazen, R.M., Sverjensky D.A.
•90 Abiotic Racemization Kinetics of Amino Acids in Marine Sediments; PLoS One 8, 8, e71648, 2013, doi: 10.1371/journal.pone.0071648; Steen, A. D., Jørgensen, B.B., Lomstein, B. A.
91 Amino Acid Racemization Dating of Fossil Bones; Annual Review of Earth and Planetary Sciences 13, 241, 1985, doi:10.1146/ annurev.ea. 13.050185.001325; Bada, J. L.
92 A new procedure for determining dl amino acid ratios in fossils using reverse phase liquid chromatography; Quaternary Science Reviews 17, 11, 987, 1998, doi:10.1016/S0277-3791(97)00086-3; Kaufman, D.S.; Manley, W.F.
93 Production of Amino Acids Under Possible Primitive Earth Conditions; Science 117, 3046, 528, 1953, doi:10.1126/ science.117.3046.528; Miller, S. L. 1953.
•94 The amino-acid sequence in the glycyl chain of insulin. 2. The investigation of peptides from enzymic hydrolysates; Biochemical Journal, 53, 3, 366, 1953, doi:10.1042/58; Sanger, F.; Thompson, E.O.P.
95 Molecular Structure of Nucleic Acids: A Structure for Deoxyribose Nucleic Acid; Nature 171, 737, 1953; doi:10.1038/171737a0; Watson, J.D., Crick, F. C.
96Primordial synthesis of amines and amino acids in a 1958 Miller H_2S-rich spark discharge experimen t, PNAS 108, 14, 5526, 2011, doi:10.1073/pnas.1019191108; Parker, E.T. et al.
97 https://www.nasa.gov/centers/goddard/news/releases/2011/lost_exp.html
98 The origin of the biologically coded amino acids. J. Theor. Biol. 263, 490, 2010; Cleaves II, HJ.

99 Kuhn W R, Atreya S K. Ammonia photolysis and the greenhouse effect in the primordial atmosphere of the earth. Icarus. 1979;37(1): 207–213.

100The Review of Physical Chemistry of Japan Vol. 21 No. 1 (1950) Reaction between ammonia and carbono dioxide under high pressure.

101 Miller experiments in atomistic computer simulations; PNAS 111, 38, 13768, 2014, doi:10.1073/pnas.1402894111; SaittaA.M., Saija, F.

102 Earth's early atmosphere; Science 259, 920,1993; Kasting J.F.

103 Carbohydrazides produced from oxidized carbon in Earth's primitive environment; Nature 294, 64, 1983; Schlesinger, G., Miller, S.L.

104 Prebiotic synthesis from CO atmospheres: implications for the origins of life; PNAS 99:14628–31doi:10.1007/s11084-008-9137-2; Shin Miyakawa,Hiroto Yamanashi, Kensei Kobayashi, H. James Cleaves, Stanley L. Miller

105 Chemical events on the primitive Earth; PNAS 55, 1365, 1966.; Abelson P.H.

106 Hydrazines and carbohydrazides produced from oxidized carbon in Earth's primitive environment; Nature 294, 64 5 1981; doi:10.1038/294064a0; Folsome, C., Brittain, A., Smith, A., Chang, S.

107 Investigation of the prebiotic synthesis of amino acids and RNA bases from CO_2 using FeS/H_2S as a reducing agent; PNAS 92:11904–6, 1995; Keefe AD, Miller SL, McDonald G, Bada J.

108 The role of submarine hydrothermal systems in the synthesis of amino acids. Orig. Life Evol. Biosph. 39, 91, 2009; Aubrey, A.D., Cleaves, H.J., Bada, J.L.

109 Abiotic synthesis of amino acids under hydrothermal conditions and the origin of life: a perpetual phenomenon? Naturwissenschaften 79, 361, 1992; Hennet, R.J., Holm, N.G., Engel, M.H.

110 Submarine hot springs and the origin of life. Nature 334, 609, 1988; Miller S.L., Bada, J.L.

111 Spectroscopy of hydrothermal reactions, part 26: kinetics of decarboxylation of aliphatic amino acids and comparison with the rates of racemization; Int. J. Chem. Kinet. 35, 602, 2003.; Li, J., Brill, T.B.

112 The stability of amino acids at submarine hydrothermal vent temperatures; Orig. Life Evol. Biosph. 30, 107, 1995; Bada, J.L.,Miller, S.L., Zhao, M.

113 Inadequacy of prebiotic synthesis as origin of proteinous amino acids, J. Mol. Evol. 13, 115, 1979; Wong, J.T., Bronskill, P.M.

114 Evolution and mutation of the aminoacid code, em: Ricard J, Cornish-Bowden A. (eds). Dynamics of Biochemical Systems. New York: Plenum Press, 247, 1984 ; Wong J.T.

115 The Relative Rates of Thiol–Thioester Exchange and Hydrolysis for Alkyl and Aryl Thioalkanoates in Water; Orig Life Evol Biosph 41, 399, 2011, doi 10.1007/s11084-011-9243-4; Bracher, P. J., Snyder, P.W., Bohall,B.R., Whitesides, G. M.

116 Critical review of hydrolysis of organic compounds in water under environmental conditions; Journal of Physical and Chemical Reference Data, 7, 2, 383, 1978, ; Mabey, W., Mill, T.

•117 Solid Phase Peptide Synthesis. I. The Synthesis of a Tetrapeptide; Journal of the American Chemical Society, 85 14, 2149, 1963,doi:10.1021/ja00897a025; Merrifield, R. B.

118 Adsorption and thermal condensation mechanisms of amino acids on oxide supports. 1 Glycine on silica; Langmuir, 3, 20, 914, 2004; Meng, M.,Stievano, L.,Lambert, J.F.

119 A facile pathway to synthesize diketopiperazine derivatives. Tetrahedron Letters 43, 5, 865, 2002; Wang, D.X., Liang, M.T., Tian, G.J., Lin, H., Liu, H.Q.

120 2,5-Diketopiperazines: Synthesis, Reactions, Medicinal Chemistry, and Bioactive Natural Products; Chemical Reviews, 112, 7, 3641, 2012, doi:10.1021/cr200398y; Borthwick, A.D.

121 Influence of aluminum oxide on the prebiotic thermal synthesis of Gly-Glu-(Gly-Glu)(n) polymer; Biosystems 104, 2-3, 118, 2011. doi: 10.1016/j.biosystems.2011.01.008; Leyton, P. et al.

122 Amino acids in carbonaceous chondrites; Orig Life Evol Biosph. 32, 2, 165, 2002; Lawless, J.G., Peterson, E.

123 Catalysis of peptide formation by inorganic oxides: high efficiency of alumina under mild conditions on the earth-like planets; Adv. Space Res. 27, 2, 225, 2001; Basiuk, V.A., Sainz-Rojas, J.

124 Silica, Alumina, and Clay-Catalyzed Alanine Peptide Bond Formation; J. Mol. Evol. 45, 457, 199; Bujdák, J., Rode, B. M.

125 Peptide formation mechanism on montmorillonite under thermal conditions; Orig. Life Evol. Biosph. 44, 13, 2014, doi:10.1007/s11084-014-9359-4; Fuchida, S., Masuda, H., Shinoda, K.

126 Degradation kinetics of L-alanyl-L-glutamine and its derivatives in aqueous solution; European Journal of Pharmaceutical Sciences 7, 107, 1999; Arii, K., Kai, T., Kokuba, Y.

127 Formose Reaction; Encyclopedia of Astrobiology 600-605; Henderson, James (Jim)Cleaves II

128 Interstelar Glycolaldehyde: the first sugar; Astrophysic. J. 540, L107-L110, 2000; Hollis, J., Lovas, F., Jewell, P.

129 Chemical constraints governing the origin of metabolism: the thermodynamic landscape of carbon group transformations under mild aqueous conditions; Orig. Life Evol. Biosph. 32, 333, 2002; Weber, A.

130 Advances in Carbohydrate Chemistry and Biochemistry 29, 199 – R. Stuart Tipson, Derek Horton, Academic Press, 1974.

131 Manufacture of Sugars; Abstr. Papers. Amer. Chem. Soc. Meeting, c-65 e CEP Symposium Series, 108, 17, 1971, Weiss, A. W., Shapira, J.

132 Identification of formose sugars, presumable prebiotic metabolites, using capillary gas chromatography/gas chromatography–mass spectrometry of n-butoxime trifluoroacetates on OV-225; J. Chromatogr. 244, 281, 1982; Decker, P., Schmeer, H., Pohlmann, R.

133 .Some Less Familiar Aspects of Carbohydrate Chemistry; Chem. Rev. 31, 537, 1942; Evans, W. L.

134 The prebiotic geochemistry of formaldehyde. Precambr. Res. 164, 111, 2008; Cleaves H.J.

135 Prebiotic ribose synthesis: a critical analysis; Origin Life Evol. Biosphere 18, 71, 1988; Shapiro, R.

136 The case for an ancestral genetic system involving simple analogues of the

nucleotides; PNAS 84, 4398, 1987; Joyce, G. F., Schwartz, A. W., Miller, S. L., Orgel, L. E.

137 Rates of decomposition of ribose and other sugars: Implications for chemical evolution (RNA world/pre-RNA world/ribose stability); PNAS. 92, 8158, 1995; Larralde, R.; Robertson, M. P.; Miller, S. L.

138 Calorimetric study of the interactions of D-glucose, Dfructose, sucrose, and poly(vinyl alcohol) with borate ions; Carbohydrate Research, 241, 279, 1993, Vladimir, P., Jinek, J. M.

139 Borate Minerals stabilize ribose; Nature 303, 196, 2004; Ricardo, A.; Carrigan, M.A., Olcott, A. N., Benner, S. A.

140 Interactions of D-ribose with polyatomic anions, and alkaline and alkaline-earth cations: possible clues to environmental synthesis conditions in the pre-RNA world; New J. Chem. 32, 2043, 2008; Amaral, A. F., Marques, M. M., da Silva, J. A. L.,Fraústo da Silva, J. J.R.

141.https://arstechnica.com/science/2013/10/making-the-case-for-life-having-originated-on-mars/

142 Physical chemical studies of short-chain lecithin homologues. I. Influence of the chain length of the fatty acid ester and of electrolytes on the critical micelle concentration; Biophys. Chem. 1, 175, 1974; Tausk, R. J. M., Karmiggelt, J., Oudshoorn, C.,G. Overbeek, J. T. G.

143 The formation of multilamellar vesicles from saturated phosphatidylcholines and phosphatidylethanolamines: morphology and quasi-elastic light scattering measurements; Chem Phys Lipids 54, 2, 131, 1990; Singer, M.A., Finegold, L., Rochon, P., Racey, T.J.

144 Solving the membrane protein folding problem; Nature 438, 581, 2005; Bowie, J.

145 Membrane protein folding and oligomerization: the two-stage model; Biochemistry 29, 4031, 1990; Popot, J., Engelman, D.

146 Recent advances in structural research on ether lipids from archaea including comparative and physiological aspects; Biosci. Biotechnol. Biochem. 69, 11, 2019, 2005, doi:10.1271/ bbb.69.201; Koga, Y., Morii, H.

147 Miller-Urey and beyond: what have we learned about prebiotic organic synthesis reactions in the past 60 years?; Annu Rev Earth Planet Sci 41,207, 2013; McCollom, T.M.

148 Targeted genomic detection of biosynthetic pathways: anaerobic production of hopanoid biomarkers by a common sedimentary microbe; Geobiology 3, 3340, 2005, doi:10.1111/j.1472-4669.2005.00041; Fischer, W. W., Summons, R. E., Pearson, A.

149 The stability of the RNA bases: implications for the origin of life; PNAS 95, 7933, 1998; Levy, M., Miller, S.L.

150 Synthesis of adenine from ammonium cyanide; Biochem. Biophys. Res. Commun. 2:407–12, 1960; Oró J.

151 Abiotic synthesis of purines and other heterocyclic compounds by the action of electrical discharges; J. Mol. Evol. 21, 76, 1984; Yuasa, S., Flory, D., Basile, B., OrÓ, J.

152 The cold origin of life: Implications based on the hydrolytic stabilities of hydrogen cyanide and formamide; Orig. Life Evol. Biosph. 32, 195, 2002; Miyakawa, S., Cleaves, H.J., Miller, S.L.

153 Thermodynamic potential for the abiotic synthesis of adenine, cytosine, guanine,

thymine, uracil, ribose and deoxyribose in hydrothermal systems; Orig. Life Evol. Biosph. 38.383, 2008; LaRowe, D.E., Regnier. P.

154 https://bio.libretexts.org/TextMaps/Map%3A_Biochemistry_Online (Jakubowski) /1%3A_ORIGIN_OF_LIFE/ A._The_Origin_of_Life/ A04. Abiotic Synthesis of Nucleobases

155 https://www.scientificamerican.com/article/a-simpler-origin-for-life

156 A possible prebiotic synthesis of purine, adenine, cytosine, and 4(3H)-pyrimidinone from formamide: implications for the origin of life; Bioorg Med Chem. 9, 5, 1249, 2001; Saladino, R.,Crestini, C.,Costanzo, G., Negri, R., Di Mauro, E.

157 Synthesis of uracil and thymine under simulated prebiotic conditions; Biosystems.1977, 9(2-3):87-92, Schwartz, A.W., Chittenden, G.J.

158 Urea-acetylene dicarboxylic acid reaction: a likely pathway for prebiotic uracil formation; Orig Life. 10,4, 343, 1980; Subbaraman, A.S., Kazi, Z.A., Choughuley, A.S., Chadha, M.S.

159 The origin of the genetic code; J. Molecular Biology 38, 367, 1968; Francis, F.

160 Molecular Biology of the Cell. 3d ed. New York: Garland Publishing, 1994; Alberts, B. Et al.

161 Evolution; Boston: Blackwell Scientific, 1993; Ridley, Mark.

162 Evolution and multilevel optimization of the genetic code; Genome Research 17, 401, 2007; Bollenbach, T., K. Vetsigian, K, Kishony, R.

163 The genetic code is one in a million; J. Molecular Evolution 47, 238, 1998; Freeland, S., Hurst, L.

164 Altman e Cech compartilharam o Prêmio Nobel de Química de 1989 pela descoberta das ribozimas - http://www.nobelprize.org/nobel_prizes/chemistry/laureates/1989/

165 The catalytic diversity of RNAs; Nat. Rev. Mol. Cell Biol, 6, 399, 2005, doi:10.1038/nrm1647; Fedor, M. J.; Williamson, J. R.

166 Prospects for understanding the origin of the RNA world; G. F. Joyce, L. E. Orgel in The RNA World, 2nd ed. , Cold Spring Harbor Press, Cold Spring Harbor, NY, 1999, pg. 49–78, (Eds.: Gestland, R. F., Cech, R.T.R, Atkins,J. F.

167 Synthesis of Carbohydrates in Mineral-Guided Prebiotic Cycles; J. Am. Chem. Soc.2011, 133, 9457–9468; H.-J. Kim, et al.

168 Before RNA and After: Geophysical and geochemical constraints on molecular evolution: S. J. Mojzsis, R. Krishnamurthy, G. Arrhenius em The RNA World II , Cold Spring Harbor Press, New York,1999, pg. 1–47; Ed.: R. Gesteland, T. Cech, J. Atkins.

169 Evaporite Borate-Containing Mineral Ensembles Make Phosphate Available and Regiospecifically Phosphorylate Ribonucleosides: Borate as a Multifaceted Problem Solver in Prebiotic Chemistry; Ang. Chem.- Int. Ed. 55, 51, 15816, doi:10.1002/anie.201608001, Kim, H., Furukawa, Y., Kakegawa, T., Bita, A., Scorei, R., Benner, S.A.

170 http://www.deepseadrilling.org/42_1/ volume/dsdp42pt1_27.pdf; Lehrstuhl für Geologie, Technische Universitat, München, Germany; Müller, J., Fabricius, F.

171 Synthesis of 35–40 mers of RNA oligomers from unblocked monomers. A simple approach to the RNA world; Chem. Commun.12,1458, 2003; Huang, W.H., Ferris, J.P.

172 Eutectic Phase Polymerization of Activated Ribonucleotide Mixtures Yields Quasi-Equimolar Incorporation of Purine and Pyrimidine Nucleobases; J. Am. Chem. Soc.125,

13734, 2003; Monnard, P., Kanavarioti, A., Deamer, D.

173 Possible Prebiotic Origin on Volcanic Islands of Oligopyrrole-Type Photopigments and Electron Transfer Cofactors; Astrobiology 13, 6, 2013, doi: 10.1089/ast.2012.0934A; Fox, S., Strasdeit, H.

174 Can ANYTHING Happen in an Open System? The Mathematical Intelligencer 23, 4, 8, 2001; Sewell, G.

175 Electrocatalytic and homogeneous approaches to conversion of CO_2 to liquid fuels; Chemical Society Reviews 38, 89, 2008, doi:10.1039/b804323j; Benson, E. E., Kubiak, C. P. Sathrum, A. J., Smieja, J. M.

176 Free-energy simulations of the retinal cis-trans isomerization in bacteriorhodopsin; Biochemistry 3, 37, 2843, 2009; Hermone, A., Kuczera, K.

177 The evolution of rhodopsins and neurotransmitter receptors; J. Mol. Evol. 33,367, 1991; Fryxell, K.J., Meyerowitz, E.M.

178 Water photolysis at 12.3% efficiency via perovskite photovoltaics and Earth-abundant catalysts; Science 345, 6204, , 1593, 2014,doi: 10.1126/science.1258307; Luo, J. et al.

179 A mathematical model of photorespiration and photosynthesis; Ann. Bot.-London, 60, 157, 1987; Hahn, B. D.

180 Despite slow catalysis and confused substrate specificity, all ribulose bisphosphate carboxylases may be nearly perfectly optimized; PNAS 103,7246, 2006, doi:10.1073/pnas.0600605103; Tcherkez, G.G.B, Farquhar, G.D, Andrews, T.J.

181 A unified theory for the basis of the limitations of the primary reaction of photosynthetic CO_2 fixation: was Dr Pangloss right? PNAS103,7203,2006, doi:10.1073/pnas.0602075103; Gutteridge, S., Pierce, J.

182 Evolution of glycolysis; Progress in Biophysics and Molecular Biology, 1993, doi: 10.1016/0079-6107(93)90001-Z; Fothergill-Gilmore, L. A.; Michels, P. A. M.

183 A naturally occurring horizontal gene transfer from a eukaryote to a prokaryote; J. Molec. Evol. 31, 383, 1990; Doolittle, R. F., Feng, D. F., Anderson, K. L., Alberro, M. R.

184 Evolution of the first metabolic cycles, PNAS 87, 200, 1990; Wächterhäuser, G.

185 Lehninger Principles of Biochemistry. USA: Worth Publishers, p.724, 2000,ISBN1-57259-153-6; David L Nelson; Michael M Cox (2000).

•186 Role of the Shikimic Acid Pathway in the Formation of Tryptophan in Higher Plants: Evidence for an Alternative Pathway in the Bean; Nature, 194, 4824, 205, 1962, doi:10.1038/194205a0, 1962; Weinstein, L. H.; Porter, C. A.; Laurencot, H. J.

187 The shikimate pathway and aromatic Amino acid biosynthesis in plants; Annu. Rev. Plant Biol.63, 73–105,doi:10.1146/annurev-arplant-042811-105439; Maeda, H., Dudareva,N.

188 Evolutionary Origins of the Eukaryotic Shikimate Pathway: Gene Fusions, Horizontal Gene Transfer, and Endosymbiotic Replacements; Eukaryot Cell. 5, 9, 1517, 2006, doi:10.1128/EC.00106-06; Richards, T. A. et al.

189 Systems of Creation: The Emergence of Life from Nonliving Matter; Acc. Chem. Res., 45, 2131, 2012; Mann, S.

190 http://www.telegraph.co.uk/news/obituaries/science-obituaries/10462574/ Frederick-Sanger-OM.html, acessado em 27 de junho de 2016.

191 Estimating the prevalence of protein sequences adopting functional enzyme folds; J Mol Biol. 27,341, 1295,2004; Axe, D.D.

192 A calculation of the probability of spontaneous biogenesis by information theory; Journal of Theoretical Biology 67, 3, 377, 1977, doi:10.1016/0022-5193(77)90044-3; Yockey, H. P.

193 Experimental Rugged Fitness Landscape in Protein Sequence Space; PlosOne; doi:10.1371/ journal.pone.0000096; Hayashi, Y., Aita, T., Toyota, H., Husimi, Y., Urabe,I., Yomo, T.

194 desenho por Волков Владислав Петрович (Vladlen666); translation by Angelito7-file:Homology vertebrates.svg, CC0, https://commons.wikimedia.org/w/index.php?curid=30073519

195 An Introduction to Sequence Similarity ("Homology") Searching; Curr. Protoc. Bioinformatics. 2013 doi:10.1002/0471250953.bi0301s42; Pearson, W. R.

196 Analogous enzymes: independent inventions in enzyme evolution; Genome Res. 8, 8, 779,1998; Galperin, M.Y., Walker, D.R., Koonin, E.V.

197 Non-homologous isofunctional enzymes: A systematic analysis of alternative solutions in enzyme evolution; Biol Direct. 2010, doi: 10.1186/1745-6150-5-31; Omelchenko, M. V., Galperin, M. Y., Wolf, Y. I., Koonin, E .V.

198 Utilization of a cyclic dimer and linear oligomers of ε-aminocaproic acid by Achromobacter guttatus. Agricultural & Biological Chemistry, 39, 6,1219, 1975, doi:10.1271/bbb1961.39.1219, Kinoshita, S., Kageyama, S., Iba, K., Yamada, Y., Okada, H.

199 Five classic examples of gene evolution, https://www.newscientist.com/article/dn16834-five-classic-examples-of-gene-evolution/; New Scientist; Le Page, M.

200 Nylon-oligomer degrading enzyme/substrate complex: catalytic mechanism of 6-aminohexanoate-dimer hydrolase; J. Mol. Biol. 370, 1, 142, doi:10.1016/j.jmb.2007.04.043; Negoro, S. et al.

201 Protein engineering; Science 11, 219, 4585, 666, 1983; Ulmer, K.M.

202 Functionally acceptable substitutions in two alpha-helical regions of lambda repressor; Proteins 7,4,306, 1990; Reidhaar-Olson, J.F., Sauer, R.T.

203 Seven Clues to the Origin of Life; CambridgeUP, ISBN 9780521398282 (1990); Cairns-Smith, A. G.

204 Self-replicating system; J. Am. Chem. Soc. 112, 1249, 1990, doi: 10.1021/ja00159a057; Tjivikua, T., Ballester, P., Rebek Jr., J.

205 The origin of the genetic code; J. Molecular Biology 38, 367, 1968; Crick, F.

206 Molecular Biology of the Cell. 3d ed. New York: Garland Publishing, 1994;Alberts, B. et al.

207 Evolution. Boston; Blackwell Scientific, 1990; Ridley, Mark.

208 Evolution and multilevel optimization of the genetic code; Genome Research 17:401-404 2007; Bollenbach, T., K. Vetsigian, R. Kishony.

209 The genetic code is one in a million; J. Molecular Evolution 47:238-248, 1998; Freeland, S., L. Hurst.

210 Promoter methylation status of E-cadherin, hMLH1, and p16 genes in nonneoplastic gastric epithelia; Am. J. Pathol. 161 (2): 399–403, doi:10.1016/S0002-9440(10)64195-8,

(2002); Waki T, Tamura G, Tsuchiya T, Sato K, Nishizuka S, Motoyama T.

211 DNA mismatch repair; Annu Rev Biochem.74, 681, 2005; Kunkel, T.A., Erie, D.A.

212 Stem cell divisions, somatic mutations, cancer etiology, and cancer prevention; Science 355, 1330, 2017; Tomasetti, C., Li, L., Vogelstein, B.

213 Sickle cell anemia a molecular disease; Science, 25, 110, 2865,543, 1949; Pauling, L.et al.

214 Evolving Genes and Proteins, p. 377–97, 1965, New York: Academic; Sonneborn, T.M.; ed. Bryson, V., Vogel, H.J.

215 On the evolution of the genetic code; PNAS 54, 1546, 1965.; Woese, C.R.

216 A Co-Evolution Theory of the Genetic Code; PNAS 72,1909, 1975; Wong J.T-F.

217 Testing a biosynthetic theory of the genetic code: Fact or artifact? PNAS 5, 97, 25, 13690, 2000; Ronneberg, T. A. , Landweber, L. F., Freeland, S. J.

218 Defective protein folding as a basis of human disease; Trends Biochem Sci.20, 11, 456, 1995; Thomas, P.J., Qu, B.H., Pedersen, P.L.

219 figura criada por TimVickers, Public Domain, https://commons.wikimedia.org/w/index.php?curid=9381199

220 The Origin of Species by Means of Natural Selection,John Murray, p. 490, 1859, Darwin, C.

221 The universal nature of biochemistry; PNAS 98, 3, 805, 2001, doi:10.1073/pnas.98.3.805; Pace N.R.

222 A hydrothermally precipitated catalytic iron sulphide membrane as a first step toward life. J Mol Evol 39, 231, 1994; Russell, M.J., Daniel, R.M., Hall, A.J., Sherringham, J.

223 Origin of first cells at terrestrial, anoxic geothermal fields. PNAS 109, E821–E830, 2012; Mulkidjanian, A.Y., Bychkov, A.Y., Dibrova, D.V., Galperin, M.Y., Koonin, E.V.

224 Ancestral Reconstruction of a Pre-LUCA Aminoacyl-tRNA Synthetase Ancestor Supports the Late Addition of Trp to the Genetic Code; Journal of Molecular Evolution 80, 3,71, doi:10.1007/s00239-015-9672-1; Fournier, G. P., Alm, E. J.

225 Evolution of vacuolar proton pyrophosphatase domains and volutin granules: Clues into the early evolutionary origin of the acidocalcisome. Biology Direct, 6, 50, 2011, doi:10.1186/1745-6150-6-50; Seufferheld, M. J., Kim, K. M., Whitfield, J., Valerio, A., Caetano-Anollés, G.

226 The physiology and habitat of the last universal common ancestor; Nature Microbiology 16116, 2016, doi:10.1038/NMICROBIOL.2016.116; Weiss, M. C., Sousa, F. L., Mrnjavac, N., Neukirchen, S., Roettger, M., Nelson-Sathi, S., Martin, W. F.

227 Nested retrotransposons in the intergenic regions of the maize genome; Science, 274, 5288, 765, 1996, doi:10.1126/ science.274.5288.765; SanMiguel, P. et al.

228 Which transposable elements are active in the human genome? Trends in Genetics, 23, 4, 183, 2007, doi:10.1016/j.tig.2007.02.006; Mills, R.E., Bennett, E.A., Iskow, R.C., Devine, S.E.

229 A unified classification system for eukaryotic transposable elements. Nature 7, 973, 2007; Wicker, T. et al.

230 KRAB zinc-finger proteins contribute to the evolution of gene regulatory networks; Nature, 2017, doi: 10.1038/nature21683; Imbeault, M., Helleboid, P., Trono, D.

231 A linguagem de Deus: um cientista apresenta evidências que Ele existe, Editora

Gente, 2007, Collins, F.

232 Dollo on Dollo's law: irreversibility and the status of evolutionary laws. Journal of the History of Biology. 3: 189–212. 1970; Gould, S. J.

233 The evolutionary origin of orphan genes; Nature Reviews Genetics 12, 692, 2011, doi:10.1038/nrg3053; Tautz, D., Domazet-Lošo, T.

234 Early skeletal fossils em Neoproterozoic-Cambrian Biological Revolutions.The Paleontological Society Papers.10. p.67–78; Bengtson, S. 2004, Lipps, J.H.; Waggoner, B.M (eds.).

235 TIMA Part 1. TIMA as a paradigm for the evolution of molecular complementarities and macromolecules; Journal of Theoretical Biology 96, 1, 77, 1982; Wassermann, G. D.

•236 Origins of new genes and pseudogenes; Nature Education 1, 1, 2008; Chandrasekaran ,C., Betrán ,E.

237 What is adaptation by natural selection? Perspectives of an experimental microbiologist; PLOS Genetics 13: e1006668; Lenski, R. E. 2017.